ERNST LAU UND WOLFGANG KRUG

DIE ÄQUIDENSITOMETRIE

DIE ÄQUIDENSITOMETRIE

GRUNDLAGEN, VERFAHREN UND ANWENDUNGSGEBIETE

Prof. Dr. ERNST LAU und Dr. WOLFGANG KRUG

INSTITUT FÜR OPTIK UND SPEKTROSKOPIE
DER DEUTSCHEN AKADEMIE DER WISSENSCHAFTEN ZU BERLIN
BERLIN-ADLERSHOF

MIT 106 ABBILDUNGEN

1957

AKADEMIE-VERLAG · BERLIN

Erschienen im Akademie-Verlag GmbH., Berlin W 8, Mohrenstraße 39
Lizenz-Nr. 202 · 100/281/57
Satz und Druck: Druckhaus „Maxim Gorki", Altenburg
Bestell- und Verlagsnummer: 5247
Printed in Germany

Vorwort

Es sind nunmehr vier Jahre vergangen, seitdem die Verfasser für die Steigerung von Meßgenauigkeiten bei einigen Interferogrammen den Weg der photographischen Herstellung von Kurven gleicher Schwärzung (Äquidensiten) versuchten. Dabei stellte sich bald heraus, daß die angeschnittenen Fragen viel universeller sind und die Verfahren eine zweidimensionale Photometrie von Bildern ermöglichen; damit bieten sie wichtige Beiträge für einen Teil der Grundlagen der wissenschaftlichen Photographie. Auf Grund der gleich anfangs erzielten guten Ergebnisse wurden die mit diesen Experimenten zusammenhängenden Fragen im *Institut für Optik und Feinmechanik**) systematisch durchgearbeitet. Im Verlauf der Arbeiten hat sich eine lebhafte Zusammenarbeit von Experimentatoren, Theoretikern und Praktikern herausgebildet; sie hat schon eine erhebliche Reihe interessanter und nützlicher Erkenntnisse gebracht, so daß es ratsam erscheint, diese nunmehr zu ordnen und systematisch darzustellen. Der Inhalt zahlreicher Vorträge und Veröffentlichungen konnte hierzu als Grundlage herangezogen werden. Es sei an dieser Stelle allen Mitarbeitern herzlichst für ihr intensives Interesse und die erfolgreiche Behandlung manch grundlegender Probleme gedankt: Dr. FOITZIK, E. GRAF, G. HESS, E. G. KIND, Dr. LEHMANN, J. RIENITZ, G. ROOSE, Dr. SCHULZ, J. SCHUSTA, G. STUTZKE, A. WIEMER. Herr Dr. SCHWIEGER vom *Mathematischen Institut* und Herr A. RAKOW vom *Institut für Medizin und Biologie* der Deutschen Akademie der Wissenschaften haben uns bezüglich der Anwendung der Äquidensitometrie in den Spezialgebieten Spannungsoptik und Dosimetrie beraten. Weiterhin waren uns die Herren A. RAKOW und J. RIENITZ sowie Frl. M. JANOWICZ beim Korrekturlesen behilflich.

Bei der Abfassung vorliegenden Buches waren zwei Gesichtspunkte maßgebend: einmal sollte dem vielfach an die Verfasser gerichteten Wunsch nach einer Anleitung für die praktische Anwendung der Äquidensitometrie Rechnung getragen werden. Zum anderen zeigte es sich, daß einzelne Vorträge oder Aufsätze nicht hinreichen, um die neuartigen und oft verwickelten Probleme der wissenschaftlichen Photographie und Photometrie zu erläutern oder gar zu klären, welche die Äquidensitometrie aufwirft. Es war daher notwendig, diese Fragen einmal zusammenfassend zu behandeln.

---

*) Ab 1. Jan. 1957: *Institut für Optik und Spektroskopie.*

Der Problemkreis der Äquidensitometrie ist noch zu neu, als daß die vorliegende Darstellung als in jedem Punkte endgültig und richtig angesehen werden kann. Die wissenschaftlichen Erkenntnisse werden sich vertiefen; dabei wird sich manches verändern oder unter neuen Aspekten erscheinen.

Die Anwendung der Äquidensitometrie dürfte sich für die mannigfaltigsten Aufgaben empfehlen. Die hier behandelten Gebiete sind nur angeschnitten, wir zweifeln nicht, daß sich schnell eine Erweiterung in verschiedenen Richtungen ergeben wird.

Wenn dieses Buch die Anwendung der Äquidensitometrie erleichtert und zu theoretischen und experimentellen Untersuchungen anregt, dann hat es seinen Zweck erfüllt.

Berlin-Adlershof, im Juni 1956 Die Verfasser

Inhaltsverzeichnis

Seite

Vorwort V

Einleitung 1

I. Problemstellung 3

II. Theoretische Grundlagen 6

A. Dioptrisch-photographische Verfahren 6

1. Negativ-Positiv-Kombinationen 7
2. SABATTIER-Verfahren 10
3. Streulichtverfahren 13
4. Einfluß des γ-Wertes 17
5. Äquidensiten höherer Ordnung 19
6. Äquidensitenschärfe und Informationsgehalt 20

B. Schwärzungsplastik-Verfahren 21

III. Praktische Grundlagen 25

1. Allgemeines 25
2. Herstellung der dioptrisch-photographischen Äquidensiten in der Praxis 26

IV. Untersuchung der Leistungsfähigkeit des Verfahrens 29

1. Wiedergabe bekannter Intensitätsverteilungen 29

a) Intensitätsverteilung von Zweistrahlinterferenzen 29
b) Schwärzungsgradient, Detailauflösung und Äquidensiten 36

2. Die Meßgenauigkeit 38

V. Anwendungsgebiete 41

1. Allgemeines 41
2. Photometrie 42
3. Spektralanalyse 44

a) Kritische Untersuchungen über die dioptrisch-photographischen Verfahren 44
b) Spektralphotometrie mittels Schwärzungsplastik-Verfahren 51

4. Auswertung von Interferogrammen 53

a) Oberflächeninterferogramme 53
b) Sonstige Interferogramme 54

5. Bildanalyse 60

a) Allgemeines 60
b) Technische Mikrophotos 63
c) Biologische Mikrophotos 65

Seite

6. Feinmeßtechnik 70
   a) Profilprüfung 70
   b) Oberflächenprüfung 71
   c) Allgemeine Bemerkungen 72
7. Spannungsoptik 73
8. Dosimetrie 75

VI. Elektronische Aufzeichnung von Äquidensiten 78
1. Der elektronische Äquidensitograph 78
   a) Allgemeine Gesichtspunkte 78
   b) Aufbau des Versuchsgerätes 79
   c) Die elektronische Schaltung 81
      α) Photozellen-Eingangsstufe 81
      β) Impulsstufe 82
      γ) Endstufe mit Kerrzelle 83
      δ) Funktion 83
2. Ergebnisse der elektronischen Aufzeichnung 84
3. Vergleich mit dem photographischen und dem Schwärzungsplastik-Verfahren 85

VII. Mehrstrahlinterferenzen und Äquidensiten 86
1. Zweistrahl- und Mehrstrahlinterferenzen 86
2. Der Informationsgehalt von Interferenzen 89
3. Anwendung von Äquidensiten auf Mehrstrahlinterferenzen 91

VIII. Schlußwort 95

IX. Anmerkungen 96

X. Literatur 97

Einleitung

Das Wort *Äquidensiten* bedeutet *Linien* oder *Kurven gleicher Schwärzung*, *Äquidensitometrie* daher sinngemäß *Meßverfahren auf der Grundlage der Äquidensiten*. Unter *Äquidensitometrieren* wird ein Vorgang verstanden, bei dem bestimmte Kurven gleicher Schwärzung aus einem Photogramm gewonnen werden.

Kurven gleicher Schwärzung auf irgendeine Art, etwa durch punktweise Photometrierung, zu gewinnen, ist bekanntlich sehr mühsam; im folgenden wird eine automatische, kontinuierliche (stetige) *zweidimensionale* Photometrie beschrieben, d. h. die Kurven werden durch bestimmte photographische oder elektronische Prozesse in einem Arbeitsgang aus dem Photogramm gewonnen. Aus den Äquidensiten lassen sich die Isophoten oder Isostilben (bzw. Isoluxen) am photographierten Objekt entwickeln, die bisher auf photometrischem Wege, etwa mittels des von M. M. JOBIN und YVON [1] beschriebenen *Equidensitomètre*, durch das von R. SEWIG [2] gezeigte photographisch-photometrische Verfahren oder andere Verfahren der Schwärzungsmessung und Sensitometrie Punkt für Punkt ermittelt werden mußten. Diese älteren Verfahren werden hier nicht behandelt.

Erst 1952 wurde durch eine Veröffentlichung der Verfasser [3] das Verfahren der photographischen Äquidensitometrie bekannt; kurze Zeit danach wurde 1953 von FOWLER u. a. [4] ein *Isophotal Contour Densitometer* beschrieben, das bekannte Elemente der elektronischen Bildübertragung benutzt und einem ähnlichen Zweck dient wie der in Abschn. VI dieses Buches behandelte *Äquidensitograph*, der in unserem Institut auf mechanisch-elektronischer Grundlage entwickelt wurde.

Die Äquidensitometrie findet überall dort Anwendung, wo ein mehr oder weniger verwaschener, kontinuierlicher Schwärzungsverlauf vorliegt; die Bildanalyse oder die meßtechnische Auswertung eines solchen Photogramms ist dann meist schwierig. Durch die Äquidensitenschar erfolgt die Photometrie des Bildes *zweidimensional*, durch die erhaltenen scharfen Kurven wird die Auswertung genauer bzw. überhaupt erst möglich. Dies hat seinen Grund auch darin, daß das Auge gar nicht in der Lage ist, in verlaufenden Konturen Äquidensiten richtig zu sehen bzw. daß durch das Kontrastsehen Irrtümer über die tatsächliche Intensitätsverteilung entstehen, wie GEHRCKE und LAU gezeigt haben [5]. Es sei dies an einem Beispiel erläutert. In Bild 1 ist eine Kegelfläche wiedergegeben, auf der durch Beleuchtung schräg zur Achse eine gewisse Helligkeitsverteilung entstanden ist. Obwohl auf der gesehenen Kreisfläche die einzelnen Radien wegen der gleichen Neigung gegen die Lichteinfallsrichtung die gleiche Helligkeit haben müssen, erscheint dies dem Auge keineswegs so. Subjektiv entsteht der Eindruck, als wenn der Kegel in seinen seitlichen Teilen sanft ansteigt und in der Mitte die Spitze wie der Pickel eines Schildes hervortritt. Gleichgültig, welche sinnesphysiologischen Gründe hierfür anzuführen sind, die Schattenkonturen verlaufen subjektiv gekrümmt; objektiv läuft jedoch jede

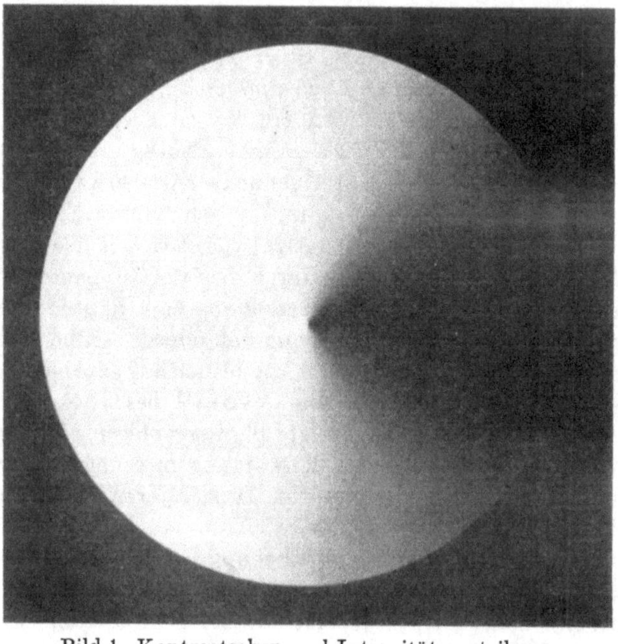

Bild 1. Kontrastsehen und Intensitätsverteilung

Äquidensite, jedenfalls auf dem Original, streng radial, wovon man sich auf der Kopie leicht durch einen aufgelegten Spalt überzeugen kann (vgl. auch Bild 69, S. 63).

Bei der Ausmessung von Photogrammen (Mikrophotos, Schattenprofile, Interferenzaufnahmen, Beugungsbilder) muß das Auge die meist verwaschenen Konturen als Meßmarken benutzen und ist in der Auffassung den zufälligen Kontrastverhältnissen unterworfen; hierdurch können sich, wie durch Bild 1 demonstriert, mehr oder weniger große Meßfehler ergeben. Es ist klar, daß die Begrenzung der photographischen Meßgenauigkeiten oft ausschließlich auf Mängel im Kontrastsehen zurückzuführen ist. Die Linien gleicher Schwärzung können diese Mängel in vielen Fällen beheben; die Meßgenauigkeit steigt erheblich an, wenn man in der Lage ist, die Äquidensiten in genügender Schärfe zu erhalten.

I. Problemstellung

Anstoß zur Entwicklung des Äquidensitenverfahrens waren die Probleme, die sich beim Ausmessen von Interferenzstreifen ergeben. Bei der Auswertung von Interferogrammen ist es oft wesentlich, den Streifenverlauf in allen Einzelheiten verfolgen und die Größe der Streifenauslenkungen in Bruchteilen des Streifenabstandes möglichst genau angeben zu können. Hierbei werden um so genauere Ergebnisse erzielt, je besser der Kontrast der Aufnahme ist. Der Intensitäts-

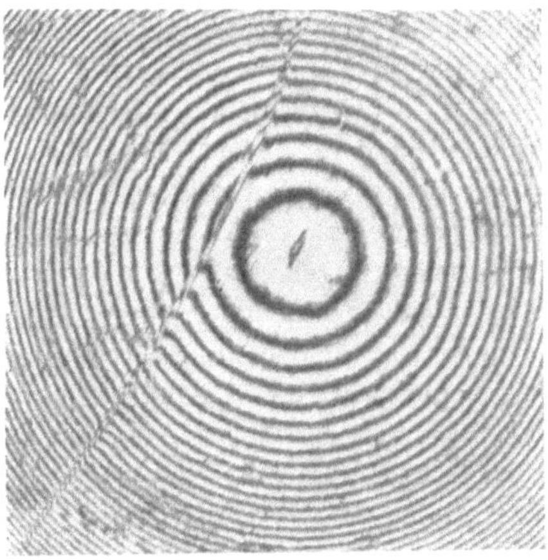

Bild 2. Interferenzaufnahme (weich)

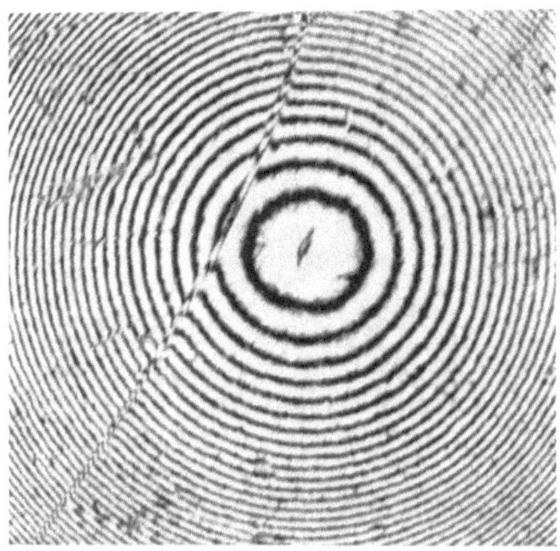

Bild 3. Interferenzaufnahme (hart)

Kugeloberfläche mit einem etwa 0,25 μ tiefen Kratzer

verlauf bei *Zweistrahlinterferenzen* ist senkrecht zur Streifenrichtung sinusförmig (vgl. Abschn. VII, 1), und es scheint nicht gut möglich, das Intensitätsmaximum, das ja verhältnismäßig breit verläuft, zur Messung heranzuziehen; die Kanten sind jedoch mehr oder weniger verwaschen und ermöglichen daher ebenfalls eine nur begrenzte Meßgenauigkeit. Der Beobachter empfindet den Helligkeitsverlauf (Schwärzungsverlauf) allerdings wesentlich steiler als er tatsächlich ist, so daß Auslenkungen von 10% des Streifenabstandes im allgemeinen ohne Schwierigkeit gemessen werden können (Bild 2). Bei einer Lichtwellenlänge von $\lambda = 546$ mμ (Hg-grün) bedeutet dies etwa $\lambda/20 = 0{,}03\ \mu$ in der Profilhöhe, wenn die Interferenzstreifen als Niveaulinien vom Abstand $\lambda/2$ aufgefaßt werden(¹).

Man kann die Kantenschärfe der Streifen dadurch beträchtlich verbessern, daß man Aufnahmen auf hartem oder extrahartem Photomaterial herstellt bzw. auf solches Material umkopiert [22]. Die Auslenkungseinzelheiten gehen dabei (sofern man in der Härte nicht übertreibt) nicht verloren, und man erhält eine Genauigkeitssteigerung auf etwa $\lambda/60 = 0{,}01\,\mu$ und mehr (Bild 3). Diese für viele Zwecke ausreichende Genauigkeit kommt jedoch nicht an die heran, die man z. B. bei der Ausmessung von Stufen in Kristallen und der Dicke von dünnen Schichten mittels *Mehrstrahlinterferenzen* erreicht hat [6]. Der extrem steile Intensitätsverlauf mancher Vielstrahlinterferogramme läßt ohne weiteres Auslenkungen von $^1/_{300}$ Streifenabstand messen, was dann $\lambda/600 = 0{,}001\,\mu$ oder 10 Å Profilhöhe entspricht (Bild 4). Daß dabei allerdings gewisse Einschränkungen zu machen sind, wird in Abschn. VII dieses Buches eingehend erörtert werden.

Bild 4. Mehrstrahlinterferenzen an Glimmer, Stufe etwa 65 mμ (nach TOLANSKY)

Es kann erwartet werden, daß auch im Zweistrahlinterferogramm alle Einzelheiten des Oberflächengebirges enthalten sind und daher auch auswertbar sein müssen. Als Beweis kann angeführt werden, daß z. B. durch Photometrierung quer zum Streifenverlauf von Zweistrahlinterferenzen die Lokalisierung von Auslenkungen auf $^1/_{1000}$ eines Streifenabstandes möglich ist [7]. Diese photometrische Methode ist vor allem dort geeignet, wo es sich z. B. um einzelne Stufen in der Oberfläche handelt, und wenn man ungefähr weiß, in welche Richtung photometriert werden soll. Bei komplizierten Strukturen ist wohl im allgemeinen eine Photometrierung wegen des großen Zeitaufwandes nicht lohnend. Man erhält dann eine mehr oder weniger große Anzahl von Schnitten durch das Interferogramm, und man müßte die photographische Schicht Punkt für Punkt photometrieren bzw. mit einem Registrierverfahren aufzeichnen, wenn man ein Bild erschöpfend auswerten will. Dabei kann gar nicht behauptet werden, daß die Registrierkurve das eigentlich Interessante deutlich hervortreten läßt. In den meisten Fällen dürften die einzelnen photometrischen Daten unübersichtlich und schlecht verwertbar sein. Wenn ein kontinuierlicher, mehr oder weniger verwaschener Schwärzungsverlauf vorliegt, ist es erwünschter, die Punkte einer bestimmten gleichen Schwärzung miteinander verbunden zu sehen, also *Kurven gleicher Schwärzung* zu erhalten. Gut definierte Kurven gleicher Schwärzung müssen wegen ihrer geringen Breite die Einzelheiten z. B. der Interferenzstreifen hervortreten und mit der Genauigkeit auswerten lassen, die bei photographischer Photometrie erreichbar ist. Jede Äquidensite wird demnach bestimmte feinste Einzelheiten der Interferenzaufnahme enthalten; freilich müssen zwei für verschiedene Schwärzungen erhaltene Äquidensiten wegen ihrer unterschiedlichen Lokalisation nicht die gleichen Einzelheiten zeigen, ähnlich wie die Einzelheiten der ursprünglichen Interferenzstreifen auch davon abhängen, wie die Streifenlage auf der Oberfläche zufällig gewählt wurde. Zur Sichtbarmachung der durchschnittlichen Oberflächenrauhigkeit ist dies jedoch gänzlich belanglos, und ebenso ist es auch grundsätzlich gleichgültig, welche Äquidensite zum Studium der speziellen Streifenfeinstruktur verwendet wird, sofern sie durch das Gebiet der besten Detailauflösung[8] der Platte gelegt wird.

Es ist eine bekannte Tatsache, daß die geschilderten Probleme der Steigerung der Meßgenauigkeit nicht nur bei Interferenzkurven auftreten, sondern sehr viel allgemeinerer Natur sind. Daher lag es nahe, die Fragen der *Bildanalyse* überhaupt vom Standpunkt der Äquidensitometrie aus zu untersuchen. Die bisherigen Überlegungen können ohne weiteres auf die Analyse beliebiger photographischer, auch mikrophotographischer oder elektronenmikroskopischer Bilder übertragen werden. Solche Bilder, z. B. Aufnahmen biologischer Objekte, zeigen oft eine verwirrende, unübersichtliche Schwärzungsverteilung; diese Schwärzungsverteilung ist allein die Grundlage für die Deutung des Bildinhaltes, und diese Deutung muß in den meisten Fällen durch bloße Betrachtung mit dem Auge erfolgen. Es ist leicht einzusehen, daß es eine große Erleichterung bedeuten würde, aus einem derartigen Bild eine Anzahl neuer Bilder zu gewinnen, von denen jedes lediglich eine bestimmte Schwärzung aus der ursprünglichen Schwärzungsverteilung wiedergibt. Wahrscheinlich wird in vielen Fällen aus einer Reihe derartiger *Äquidensitenbilder* die Deutung des Bildinhaltes überhaupt erst möglich, zumindest aber sehr erleichtert. Weiterhin erscheint es für manche Probleme vorteilhaft, die verschiedenen Äquidensitenbilder in einem Bild zu vereinigen, also *Äquidensitenscharen* von Schwärzungsverteilungen zu erhalten.

II. Theoretische Grundlagen

A. Dioptrisch-photographische Verfahren

Vorgegeben sei uns eine belichtete und entwickelte photographische Platte mit einer bestimmten Schwärzungsverteilung; es ist uns also die Schwärzung S als Funktion des Ortes auf der Platte gegeben (Bild 5). Es ist nun die Aufgabe, zu diesem Bild Äquidensiten auf photographischem Wege herzustellen; zu dem gegebenen photographischen Bild soll also ein weiteres hergestellt

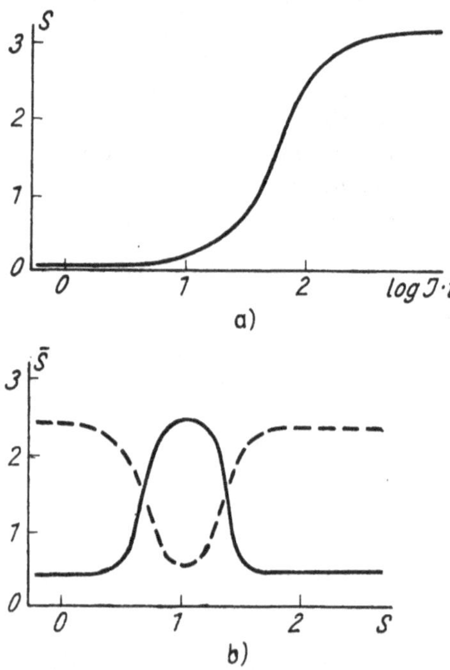

Bild 5. a) Schwärzung S einer Platte in Abhängigkeit von der Expositionszeit. b) Zuordnung der Schwärzung $\bar{S}$ einer zweiten Platte zur Schwärzung S der ursprünglichen Platte

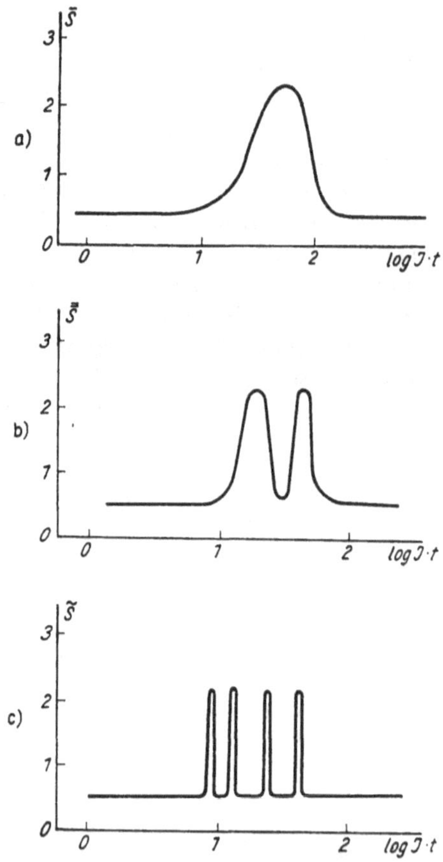

Bild 6. a) Äquidensiten 1. Stufe
b) Äquidensiten 2. Stufe
c) Scharfe Äquidensiten

werden, auf dem gewisse Linien $S = \text{const}$ etwa als geschwärzte Linien auf ungeschwärztem Hintergrund in Erscheinung treten [9].

Dieses Ziel kann z. B. durch Positiv-Negativ-Kombination erreicht werden, worüber später in den folgenden Abschnitten noch ausführlich zu sprechen sein wird; dadurch ist es möglich, solche Stellen auf der Platte, deren Schwärzung innerhalb eines bestimmten Schwärzungsbereichs liegt, aus ihrer stärker oder schwächer geschwärzten Umgebung herauszuheben. Diese Stellen treten dann auf einer weiteren photographischen Platte, die man durch ein geeignetes Verfahren erhält, als stärker geschwärzt aus ihrer Umgebung hervor. Es sind dann also den Schwärzungswerten aus jenem Bereich große Schwärzungen, allen anderen Schwärzungswerten aber niedrige Schwärzungen zugeordnet. Mit einer umgekehrten Zuordnung könnte natürlich der gleiche Effekt erreicht werden.

Man kann die auf diese Weise aus ihrer Umgebung herausgehobenen Kurven Äquidensiten 1. Stufe nennen (Bild 6a). Sie enthalten allerdings, wie eben ausgeführt wurde, noch ein größeres Schwärzungsintervall der gegebenen Platte.

Nun kann man durch die Anwendung des Verfahrens auf die zweite Platte eine dritte erhalten, auf der ein bestimmer, schon erheblich schmalerer Schwärzungsbereich an den Flanken der Äquidensiten 1. Stufe herausgehoben wird. So gewinnt man die Äquidensiten der 2. Stufe (Bild 6b). Wiederholt man das Verfahren noch etwa ein- bis zweimal, so erhält man schließlich die Äquidensiten als scharfe Linien (Bild 6c).

1. Negativ-Positiv-Kombinationen

Die bisherigen allgemeinen Betrachtungen seien nun durch ein spezielles Beispiel erläutert:

Bild 7. Kugeloberfläche im Mikrointerferometer nach RÄNTSCH ($\lambda = 535$ mμ)

Bild 8. Äquidensiten zu Bild 7

Das Bild 7 zeigt den Ausschnitt aus der Mikrointerferenzaufnahme (1) einer sehr guten Kugeloberfläche bei etwa 700facher Linearvergrößerung. Die Interferenzstreifen zeigen zwar eine gewisse Unruhe, jedoch keine Auslenkungen, die den

Betrag von $\lambda/20$ ($= {}^1/_{10}$ Streifenabstand) erreichen, so daß jedenfalls ausgesagt werden kann, daß das „Oberflächengebirge" niedriger als 27 mμ ($\lambda = 535$ mμ) ist. Die gewünschten Äquidensiten, die uns die tatsächlich durch den breiten Intensitätsverlauf der Zweistrahlinterferenzen verdeckten Oberflächeneinzelheiten deutlich machen, zeigt Bild 8. Diese Äquidensiten 1. Stufe wurden dadurch erhalten, daß von Bild 7 ein Diapositiv angefertigt und mit dem Negativ genau zur Deckung gebracht wurde. Dieser Vorgang ist bei der Photographie bekannt, um gewisse Effekte bei Photomontagen zu erreichen; diese Technik wurde *Isohelie* genannt[10]. Auch z. B. in der gerichtlichen Photographie werden derartige Verfahren benutzt[11], um Fälschungen oder dergleichen aufzudecken oder auch in der Papyrusforschung zur Sichtbarmachung von bestimmten Konturen. In der Mehrzahl der Fälle werden Negativ und Positiv irgendwie besonders kontrastiert und nicht genau zur Deckung gebracht,

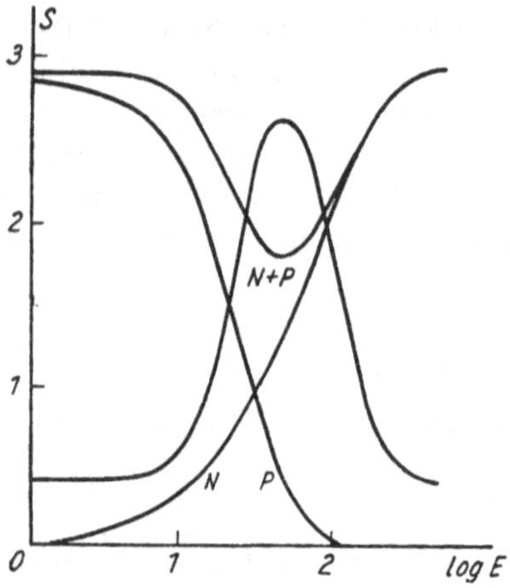

Bild 9. Entstehung der Äquidensiten 1. Stufe (schematisch)

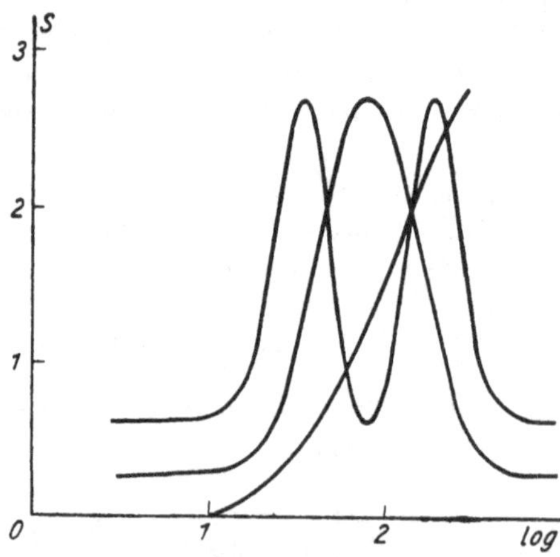

Bild 10. Entstehung der Äquidensiten 2. Stufe (schematisch)

sondern etwas gegeneinander verschoben. Es besteht von derartigen Negativ-Positiv-Kombinationen die irrige Ansicht, daß bei genauer Deckung keinerlei Bild gesehen werden kann, da die transparenten Stellen des Negativs durch die geschwärzten Stellen des Positivs gedeckt sind[12]. Dies ist jedoch streng nur in einem einzigen Spezialfall möglich ($\gamma = 1$), worauf später (Abschn. II, 4) noch eingegangen wird. Verwendet man keine zu weichen Platten ($\gamma > 1$), dann bildet sich bei genauer Überdeckung an den Stellen, wo Negativ und Positiv etwa die gleiche Schwärzung haben, eine Äquidensite aus, wie später an Hand der Schwärzungskurven gezeigt werden wird. In unserem Falle (Bild 7) erhält man bei Betrachtung dieser Kombination im Durchlicht eine Aufspaltung jedes Interferenzstreifens in zwei Äquidensiten, die gewissermaßen als Einhüllende des ursprünglichen Streifens und ebenfalls als Niveaulinien gedacht werden können. Die mittlere Oberflächenrauhigkeit läßt sich an diesem Bild 8 leicht ableiten und beträgt etwa 0,01 μ; die kleinsten noch meßbaren Unebenheiten betragen etwa 60 Å oder $\lambda/100$, wodurch die Meßgenauigkeit gegenüber Bild 7 um das 5fache gesteigert erscheint.

Der Vorgang der Entstehung der Äquidensiten ist nun folgender: In Bild 9 ist die Expositionszeit E logarithmisch auf der Abszisse, die erhaltene Schwärzung S auf der Ordinate aufgetragen. Man erhält bei gegebenem γ für das

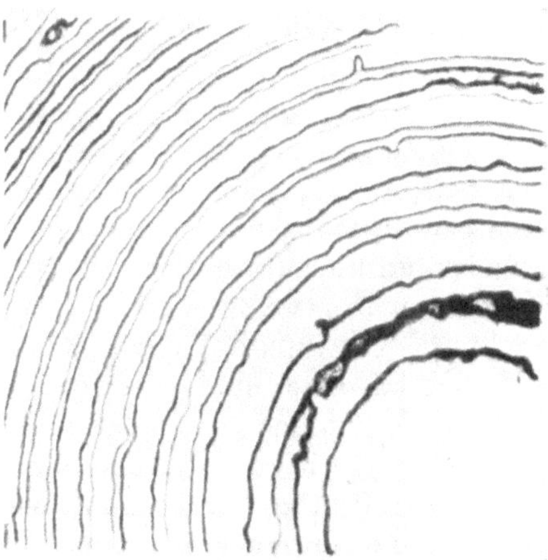

Bild 11. Äquidensiten 2. Stufe von Bild 7

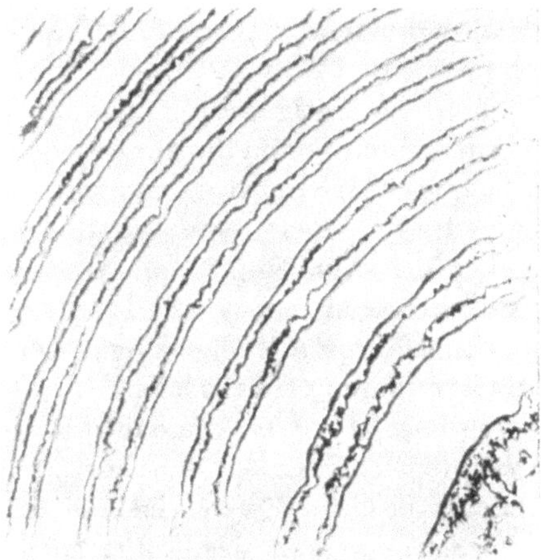

Bild 12. Äquidensiten 3. Stufe von Bild 7

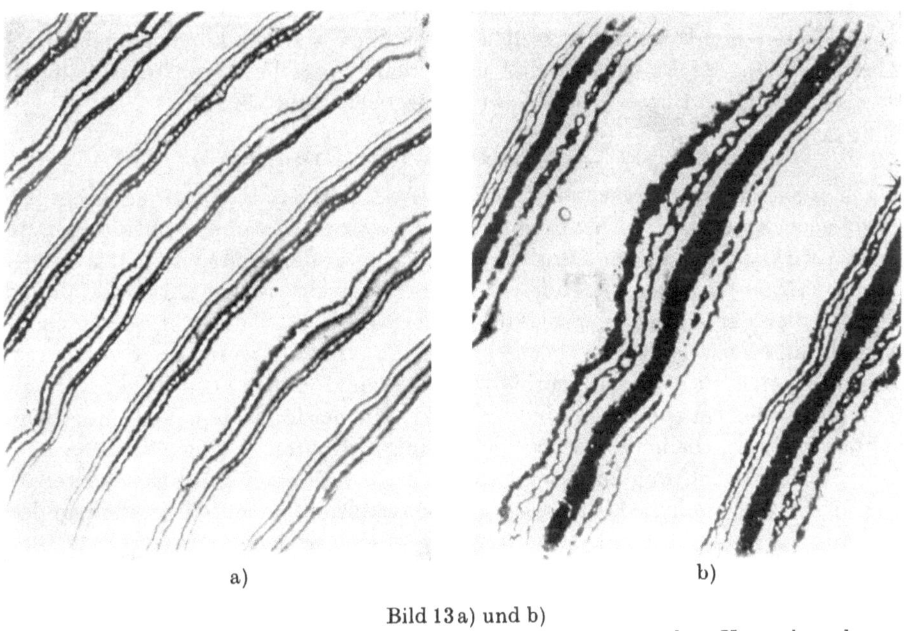

a) b)

Bild 13a) und b)
Äquidensiten höherer Stufe von Bild 12 im Bereich der statistischen Kornschwankungen

Negativ die Schwärzungskurve N, für das Positiv die Kurve P, für das kombinierte Negativ und Positiv ergibt sich die Kurve $N + P$, wobei das ausgeprägte Schwärzungsminimum auffällt; dieses bildet sich ungefähr dort aus, wo P und N die gleichen Schwärzungen aufweisen, bevorzugt da, wo das Optimum der Detailwiedergabe auf der Platte vorliegt. Die Kurve $N + P$ ist also die Äquidensite. Die vierte im Bild enthaltene Kurve stellt die Kopie von $N + P$ dar. Selbstverständlich kann man das Verfahren wiederholen und die erhaltene Kopie noch einmal mit $N + P$ kombinieren. Man erhält dann „Äquidensiten 2. Stufe". Das Bild 10 zeigt daher drei Schwärzungskurven: Man erkennt die stetig ansteigende des Originals, die der Äquidensite 1. Stufe mit einem Maximum und die der Äquidensite 2. Stufe mit zwei Maxima: der Intensitätsabfall wird von Stufe zu Stufe steiler. Als Beispiel für Äquidensiten 2. Stufe möge Bild 11 dienen, das aus Bild 7 dadurch hervorgegangen ist, daß Negativ und Positiv von Bild 8 aufeinandergelegt und dann kopiert wurden. Die hier sichtbaren kleinsten Oberflächeneinzelheiten betragen etwa 30 Å, also $\lambda/200$, was ungefähr den Meßgenauigkeiten entspricht, die TOLANSKY [6] mittels Mehrstrahlverfahren erreicht hat. Zu erwähnen ist hier, daß eine Interferenzordnung durch zwei bzw. vier Äquidensiten beschrieben wird, während beim Mehrstrahlverfahren lediglich eine Kurve zur Oberflächenanalyse benutzt werden kann. Man erfaßt also erheblich mehr Flächenelemente des Prüflings und schöpft den Informationsgehalt der Aufnahmen besser aus. Eine weitere Fortsetzung des Verfahrens durch Gewinnung noch höherer Äquidensitenstufen ist nur unter bestimmten Voraussetzungen zweckmäßig, da man in den Bereich der statistischen Kornschwankungen geraten kann und die sichtbaren Granulationen der Äquidensiten nicht mehr als reell angesprochen werden können (siehe auch Abschn. II, 5). Als Beispiel hierfür seien kleine Ausschnitte aus den Äquidensiten der 3. und 4. Stufe zu Bild 7 wiedergegeben (Bild 12, 13).

2. SABATTIER-Verfahren

Die eben erörterte Methode der Positiv-Negativ-Kombinationen begegnet gewissen Schwierigkeiten, da es einerseits eine Geduldsprobe ist, beide Komponenten wirklich sauber zur Deckung zu bringen, andererseits entsteht zwischen den beiden aufeinandergelegten Schichten stets ein kleiner Abstand, der zu Fehlern bei der Kopie Veranlassung gibt. Es wurde daher bald versucht, Negativ und Positiv auf der gleichen Platte zu erhalten, wofür der SABATTIER-Effekt [13] eine gute Grundlage bietet. Unter dem SABATTIER-Effekt versteht man einen photographischen Umkehreffekt, der bei folgendem Vorgehen beobachtet wird: Die belichtete Platte wird einige Minuten entwickelt, dann einer diffusen Nachbelichtung ausgesetzt; danach wird sie noch kurze Zeit weiterentwickelt, bis sich auch die bisher noch ungeschwärzten Plattenteile in genügendem Umfang geschwärzt haben. Das Resultat ist ein partieller Positiveffekt. Diese Tatsachen sind schon lange bekannt, jedoch nie im Hinblick auf Äquidensiten untersucht oder betrachtet worden. So berichtet v. ANGERER [45], daß EBERHARD in zwei Abhandlungen [46] helle Konturen von dunklen Stellen beschreibt, die dann auftreten, wenn man eine im Entwickler liegende Platte durch zu helles Dunkelkammerlicht schleiern läßt. Diese Erscheinung wurde auch bereits vor längerer Zeit von LAU bemerkt, als er eine noch nicht ausentwickelte Platte der Dunkelkammerlampe sehr nahe brachte, um bestimmte Einzelheiten zu sehen. Diese Platte wurde verworfen, als sich die merkwürdigen Konturen zeigten. Viele werden ähnliches erlebt haben, die „verdorbene" Platte, die Positiv und Negativ zugleich enthielt, dürfte jedoch kaum jemals näher studiert oder durchdacht worden sein; es wäre sonst unverständlich, warum dieser bekannte Effekt bisher noch nicht zur Erzeugung von Äquidensiten benutzt worden ist (2).

Der Schwärzungsverlauf in Abhängigkeit von der Exposition, wie in Bild 14 dargestellt ist, zeigt schon, daß der SABATTIER-Effekt für unsere Zwecke voll brauchbar ist. Dies bestätigt sich in der praktischen Anwendung: Wir wenden auf eine Kopie einer Platte die SABATTIER-Behandlung an. Durch passende Wahl des γ-Wertes und der Exposition beim Kopieren können wir jeden Schwärzungsbereich der primären Platte durch ein Schwärzungsminimum auf der zweiten Platte herausheben. Wie die experimentellen Ergebnisse bestätigen, lassen sich in wenigen Schritten durch Anwendung des SABATTIER-Effektes scharfe Äquidensiten erhalten.

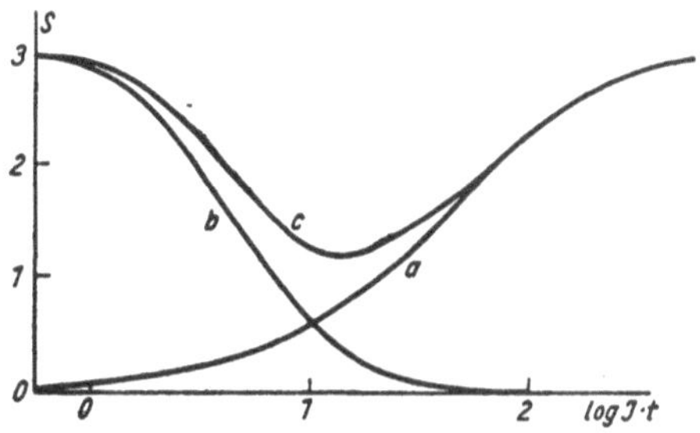

Bild 14. Schwärzungskurven. *a*) Primäre Schwärzung. *b*) Bei der SABATTIERbehandlung hinzukommende Schwärzung. *c*) aus *a* und *b* resultierende Schwärzung

Diese Anwendungsmöglichkeit hat das Interesse daran geweckt, den SABATTIER-Effekt einer näheren Untersuchung zu unterziehen [9], um weitere Hinweise für die praktische Ausführung des Äquidensitenverfahrens zu erhalten. Der SABATTIER-Effekt kommt offenbar durch das Zusammenwirken mehrerer Teileffekte zustande, nämlich durch den Kopiereffekt, einen bestimmten chemischen Effekt und evtl. weitere, noch näher zu untersuchende Effekte.

Der Kopiereffekt besteht darin, daß das bei der ersten Entwicklung gebildete Silber das darunter- und dazwischenliegende, noch nicht entwickelte Silberbromid vor der Nachbelichtung schützt. Es wird also das primäre Negativ bei der Nachbelichtung auf seine eigene Schicht kopiert. Nach der Nachentwicklung überwiegt im SABATTIER-Gebiet das so hervorgerufene Positiv. Der Kopiereffekt ist zwar durchaus erheblich, reicht jedoch quantitativ zur Erklärung des SABATTIER-Effekts allein nicht aus.

Der chemische Effekt bewirkt, daß bei der ersten Entwicklung an den belichteten Stellen Entwickler verbraucht wird und Reaktionsprodukte, z. B. KBr, gebildet werden, die zweifellos entwicklungshemmende Eigenschaften haben. Dies wird in um so geringerem Maß der Fall sein, je kleiner die primär entwickelte Schwärzung ist. Bei der auf die Nachbelichtung folgenden Nachentwicklung ist solches Silberbromid, das sich in einer bereits primär geschwärzten Umgebung befindet, vor einer Reduktion zu Silber mehr oder weniger geschützt. Daß der chemische Effekt erheblich ist, beweist der folgende Versuch von KIND, der darüber hinaus auch quantitative Angaben darüber liefert, wie die Reaktionsprodukte der primären Schwärzung die sekundäre Schwärzung behindern: Eine Platte wird unter einem Graukeil belichtet und dann gleichzeitig mit einer unbelichteten weiteren Platte in die Entwicklerschale gelegt. Nach einiger Entwicklungszeit bringt man beide Platten Schicht auf Schicht in Kontakt. Durch die Diffusion verteilt sich an den belichteten Stellen der verbrauchte Entwickler auf beide Platten. Nach einigen Minuten werden sie getrennt und gleichmäßig nachbelichtet. Dann zeigt sich natürlich nach einiger Zeit auf der ersten Platte der übliche SABATTIER-Effekt. Auf der zweiten erhält man ein Positiv, dessen immerhin ansehnliche Härte man kaum erwarten sollte. An den Stellen, an denen sich verbrauchter Entwickler befindet, ist die Nachbelichtung fast wirkungslos geblieben. Auf diese Weise hat man also einen Positiveffekt auf einer Platte hervorgerufen, deren Körner völlig gleichmäßig belichtet worden sind. Der Effekt ist besonders stark, wenn man die Platten nach ihrer Trennung nicht wieder in die Entwicklerlösung zurückbringt, sondern die Entwicklung lediglich mit dem von der Gelatine aufgesaugten Entwickler beendet. Die bei diesem Versuch an den betreffenden Stellen beobachtete Desensibilisierung der photographischen Schicht läßt sich auswaschen. Die beobachtete Wirkung beruht allein auf dem Vorhandensein von löslichen, entwicklungshemmenden Reaktionsprodukten; hinzu kommt noch eine geringere Konzentration von Entwickler, der ja an diesen Stellen bei der primären Entwicklung bereits zum Teil verbraucht wurde. Durch gründliches Wässern der unbelichteten Platte nach dem Kontakt (es genügen schon 3 bis 5 Minuten) wird der verbrauchte Entwickler praktisch völlig entfernt. Die gleichmäßige Nachbelichtung, verbunden mit einer Nachentwicklung, kann nun auf der zweiten Platte kein Positiv mehr hervorbringen. Entsprechende Versuche wurden später auch von KLÖTZER[47] durchgeführt.

Diese beiden zunächst behandelten Effekte, also der Kopiereffekt und der chemische Entwicklereffekt, sind schon seit langem bei Untersuchungen über den SABATTIER-Effekt zu seiner Erklärung angeführt worden; es gelang jedoch nicht, das Problem befriedigend zu lösen. Zuweilen wurde der Kopiereffekt als hauptverantwortlich genannt, zuweilen neigte man mehr der Ansicht zu, daß eine Desensibilisierung stattfindet. Über die Natur dieser Desensibilisierung gehen die Ansichten auseinander: zum Teil wird angenommen, daß sie durch Entwickler-Reaktionsprodukte bewirkt wird; da aber auch nach gründlichem Wässern der SABATTIER-Effekt noch nachweisbar ist, scheint der Kopiereffekt auf alle Fälle wesentlich; man kann es so erklären, daß die Reaktionsprodukte nicht gänzlich auswaschbar seien. Hierzu in Widerspruch steht jedoch die Tatsache, daß der Effekt auch bei Verwendung spezieller Entwickler (z. B. H_2O_2) auftritt, wo keine nicht auswaschbaren Reaktionsprodukte zu erwarten sind. Eine weitere Vorstellung über die Natur der Desensibilisierung stammt von STEVENS und NORRISH[48]. Danach soll von sich entwickelnden Körnern Silber zu den Silberbromidkörnern diffundieren und sich auf diesen fein verteilt niederschlagen; diese Körner wären dann dadurch bei der Nachbelichtung und Nachentwicklung unempfindlicher. ARENS[13] gab in letzter Zeit eine Theorie des SABATTIER-Effektes an, die auf der Annahme der latenten Innenkornentwicklung beruht, worauf jedoch hier nicht eingegangen werden soll.

Zu erwähnen ist noch ein Versuch, der von ROOSE durchgeführt wurde: Es wurden zwei Platten mit einem Graukeil gleichartig belichtet, beide Platten wurden in gleicher Weise entwickelt. Vor der Nachbelichtung wurde jedoch die eine Platte ausgewaschen. Bei beiden Platten erfolgte die Nachbelichtung von der Glasseite. Die ausgewaschene Platte zeigt keinen SABATTIER-Effekt, sondern eine gleichmäßige Schwärzung, während die andere einen SABATTIER-Effekt aufwies. Belichtet man jedoch zwei derartig vorpräparierte Platten von der Schichtseite, so zeigen beide einen SABATTIER-Effekt; bei der ausgewaschenen Platte dürfte also der Kopiereffekt als wesentlich nachgewiesen sein. Für die Herstellung von Äquidensiten empfiehlt es sich, den Kopiereffekt möglichst allein wirken zu lassen, da die chemischen Effekte eine Verminderung der Details in der Äquidensite verursachen.

Zusammenfassend ist jedenfalls zu sagen, daß Kopiereffekte und chemische Effekte für den SABATTIER-Effekt wesentlich sind. Es hat jedoch nicht an Bemühungen gefehlt, nach weiteren Teileffekten zu suchen, die aber bisher keine befriedigende Lösung des Problems vermitteln konnten. Es scheint aber nicht ganz ausgeschlossen, daß die primär entwickelten Silberkörner einen hemmenden Einfluß auf die Entwicklung der nachbelichteten Körner ausüben.

3. Streulichtverfahren

Als weitere Möglichkeit der Herstellung von Äquidensiten kann die Tatsache benutzt werden, daß das Streulicht, das in einer photographischen Schicht entsteht und nach hinten heraustritt, ein Maximum bei mittleren Schwärzungen hat; kleine Schwärzungen weisen wegen Mangels an Streuzentren wenig Streulicht auf[36], starke Schwärzungen lassen überhaupt nur wenig Licht durch, streuen also auch nur wenig, obwohl der Anteil an gestreutem Licht relativ groß ist. Mit dieser Methode hat sich insbesondere SCHULZ[14] beschäftigt. Die Methode dieses Verfahrens beruht auf folgendem: Betrachtet man eine photographische Platte P_s (Bild 15) bei schräg seitlich hindurchkommendem Licht (Dunkel-

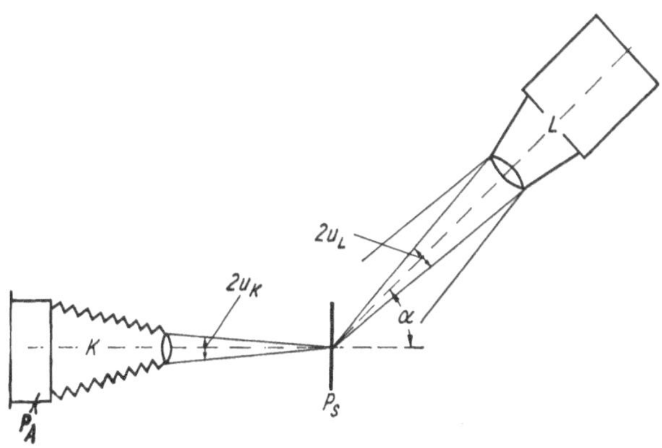

Bild 15. Versuchsanordnung für das Streulichtverfahren nach SCHULZ

feldbeleuchtung), erscheinen die Stellen sehr geringer Schwärzung dunkel, da dort keine Silberkörner vorhanden sind, welche (durch Reflexion und Beugung) Licht in das Auge hineinstreuen. Die Stellen sehr großer Schwärzung erscheinen natürlich gleichfalls dunkel. Die Stellen mit einer gewissen mittleren Schwärzung S_s dagegen erscheinen am hellsten; denn dort sind einerseits noch nicht soviel Silberkörner, daß gar kein Licht hindurchgelassen würde, und ande-

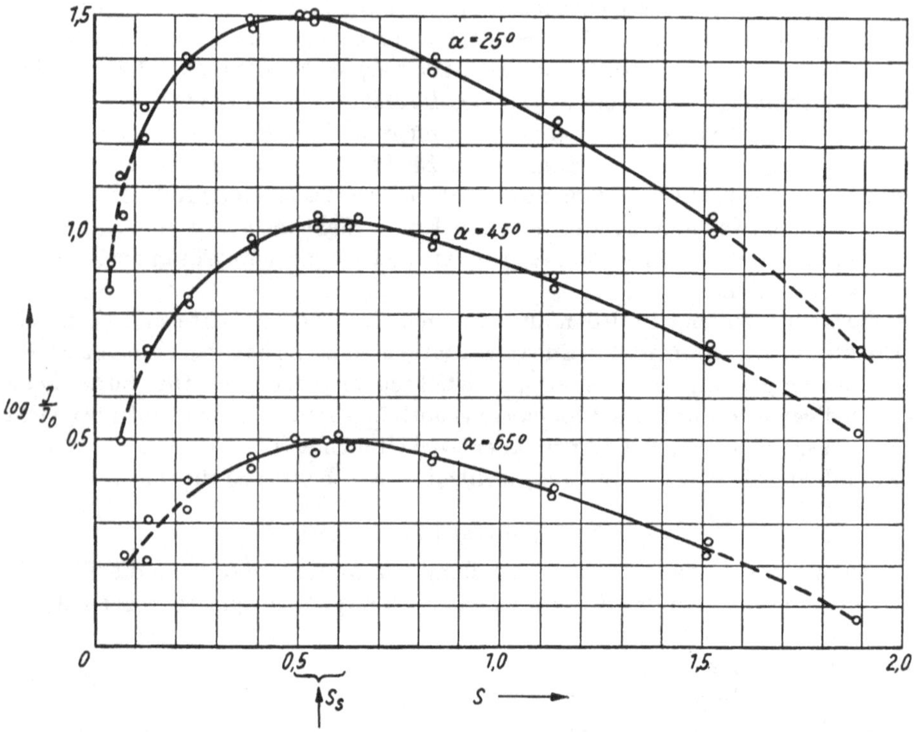

Bild 16. Streuintensität J in Abhängigkeit von der Schwärzung S auf der streuenden Platte nach SCHULZ

rerseits schon soviel Silberkörner, daß eine genügende Lichtmenge in das Auge hineingestreut wird. — Ersetzt man das Auge durch eine Kamera, müssen auf ihrer Platte P_A also mehr oder weniger breite Kurven (die Äquidensiten 1. Stufe) erscheinen, die diejenigen Stellen der streuenden Platte P_s darstellen, auf denen $S = S_s$ ist. Im einzelnen wurde folgende Anordnung verwendet: Als Lichtquelle L diente ein Projektionsapparat mit einer 250-W-Glühlampe, bei dem an die Stelle des Diapositivs eine Mattglasscheibe gesetzt war. L beleuchtet die streuende Platte P_s unter dem Einfallswinkel a in Dunkelfeldbeleuchtung, wobei P_s durch das Objektiv der Kamera K auf die das Bild aufnehmende Platte P_A abgebildet wurde. Dabei erschienen dann auf P_A die Äquidensiten von P_s. — Die Schichtseite von P_s war der Kamera zugewendet. Die Aperturen u_L und u_K waren kleiner als 3°; im allgemeinen betrug $a = 45°$.

Die physikalische Grundlage des Streulichtverfahrens ist diejenige Funktion, welche die Intensität J des in die Kamera K gelangenden Streulichts in Abhängigkeit von der Schwärzung S auf der streuenden Platte P_s darstellt. Die Form dieser Funktion ist wegen der Kompliziertheit des Streuvorganges auf theoretischem Wege schwierig zu ermitteln. Sie wurde für verschiedene Einfallswinkel gemessen; als Plattenmaterial dienten AGFA-Spektral-Platten (blau, extrahart). Das Ergebnis der Messungen zeigt Bild 16.

Die Schwärzung S wurde im ZEISSschen Schnellphotometer gemessen. Die Ordinate ist als *log* aufgetragen, auf eine willkürliche Intensitätseinheit J_0 bezogen. Der wahre Abstand der drei Kurven voneinander in senkrechter Richtung ist in der Abbildung nicht wiedergegeben, d. h. die Kurven sind in senkrechter Richtung noch geeignet verschoben zu denken. Sie zeigen — innerhalb der Meßgenauigkeit — alle drei etwa die gleiche Form; nur scheinen sie mit zunehmendem α etwas flacher zu werden. Eine merkliche Winkelabhängigkeit der Lage S_s des Maximums ist aus diesen Messungen nicht zu entnehmen; es liegt hiernach bei einer Schwärzung $S = 0{,}58 \pm 0{,}08$, was einer Bedeckung

$$\left(1 - \frac{i}{i_0} = 1 - 10^{-S}\right) \text{ von } 73\% \pm 5\%$$

entspricht. Alle drei Kurven verlaufen auffällig flach. Sie würden also auf der aufnehmenden Platte P_A (Bild 15) als Äquidensiten recht breite Streifen hervorrufen, wenn die Photoschicht von P_A weich oder normal arbeiten würde. Zur Erzielung schmaler und scharfer Äquidensiten ist es daher notwendig, hartarbeitendes Schichtmaterial zu verwenden, außerdem zweckmäßig, mehrmals hart zu kopieren.

Bild 17 zeigt eine Mikrointerferenzaufnahme eines Kugeloberflächenstückes. Sie erfolgte im Interferenzmikroskop nach KRUG und LAU[34] in Auflichtschaltung. Einem Streifenabstand entspricht ein Höhenunterschied von $\lambda/2$ ($\lambda = 546$ mμ). Von dieser Aufnahme wurden nach dem Streulichtverfahren Äquidensiten erzeugt. Das Ergebnis zeigt Bild 18a. Statt eines breiten schwarzen Streifens erscheinen hier jeweils als Einhüllende zwei schmale; da es anschaulicher ist, die Äquidensiten als dunkle Linien zu sehen, wird in Bild 18b eine Negativkopie gezeigt. Man erkennt eine bedeutende Erhöhung der Meßgenauigkeit bei derartigen Oberflächenprüfungen.

Bild 19 zeigt eine Mikrointerferenzaufnahme eines dünnen Cadmiumsulfid-Kristalls in der Durchlichtschaltung des gleichen Interferenzmikroskops (6). Einer Ablenkung um einen Streifenabstand entspricht ein Dickenunterschied von $\lambda/(n-1)$, wobei n die Brechzahl bedeutet. Die Streulichtäquidensiten von dieser Aufnahme zeigt Bild 20a, die wieder in Bild 20b als schwarze Kurven einen gewohnteren Anblick bieten. Auch hier ist ein bedeutend besseres Hervortreten von Struktureinzelheiten und eine wesentliche Erhöhung der Meßgenauigkeit erzielt.

Ein Vergleich mit den Ergebnissen der anderen unter 1. und 2. dieses Abschnittes genannten photographischen Äquidensitenverfahren ergab etwa gleiche Leistungsfähigkeit. Ein Vorteil des Streulichtverfahrens gegenüber den anderen liegt darin, daß die Äquidensiten stets die gleiche Schwärzung darstellen, nämlich diejenige, bei der die Streuintensität ihr Maximum besitzt. Von Nachteil dagegen sind der größere technische Aufwand und die größere Empfindlichkeit gegenüber kleinsten Verunreinigungen der Platte (vgl. Staub in Dunkelfeldbeleuchtung). Ferner scheinen bei der Versuchsanordnung nach Bild 15 die auf

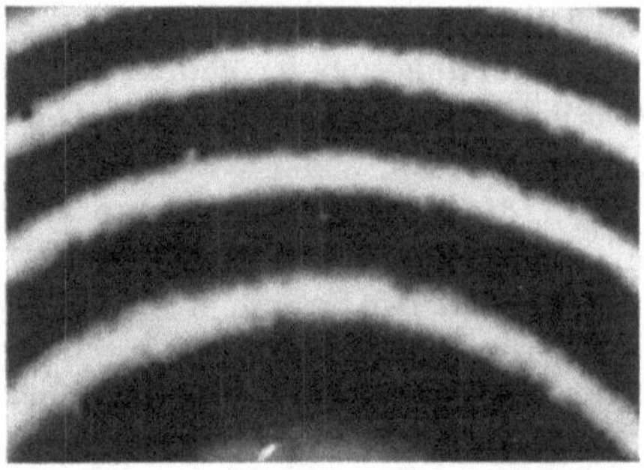

Bild 17. Mikro-Interferenzaufnahme einer Kugeloberfläche (Auflicht)

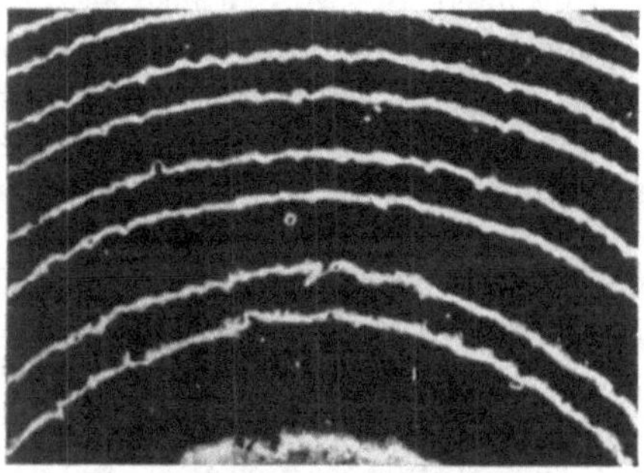

Bild 18a) Negativ

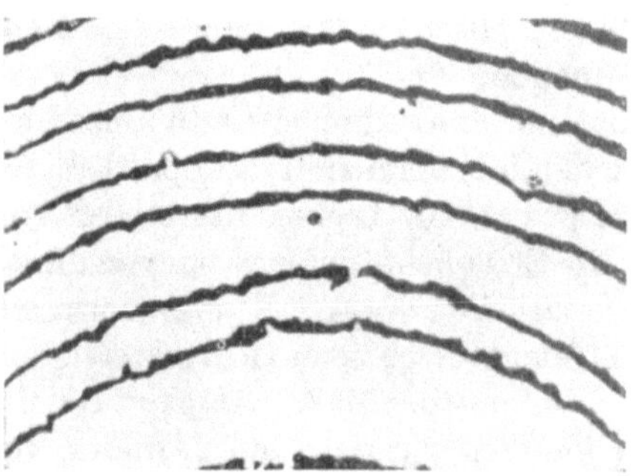

Bild 18b) Positiv

Bild 18. Streulichtäquidensiten von Bild 17

Bild 19. Mikro-Interferenzaufnahme eines CdS-Kristalls (Durchlicht)

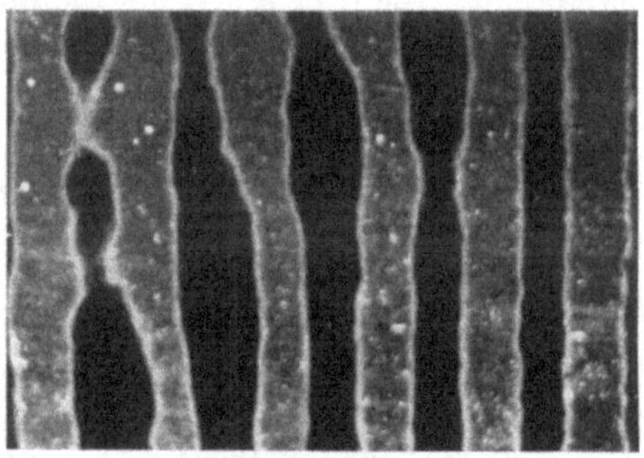

Bild 20a) Negativ

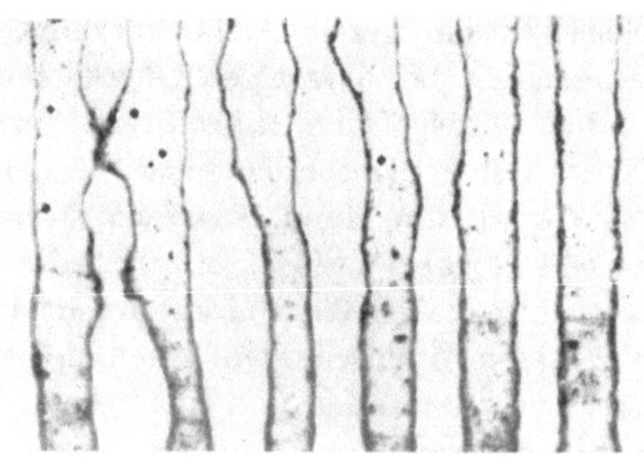

Bild 20b) Positiv

Bild 20. Streulichtäquidensiten von Bild 19

P_A hervorgerufenen unerwünschten statistischen Schwärzungsschwankungen, die an sich bei jeder photographischen Aufnahme auftreten, hier besonders groß zu sein; vielleicht sind sie durch die Oberflächenstruktur der Gelatine (Blasen und Rauhigkeit [36]) mit verursacht. Bei technischer Anwendung des Verfahrens wäre es zweckmäßig, die streuende Platte P_s nicht einseitig und unter kleiner Apertur u_L, sondern symmetrisch und unter möglichst großer Apertur zu beleuchten. Ferner muß dafür gesorgt werden, daß die Gelatineoberfläche möglichst glatt wird, z. B. durch Trocknen der Platten mit einem Föhn.

Das Verfahren erweist sich theoretisch als außerordentlich interessant, wurde jedoch in der Praxis kaum angewendet.

4. Einfluß des γ-Wertes

Eine sehr wichtige Frage ist der Einfluß des γ-Wertes der Platten, d. h. ihre Härte oder Weichheit auf die Erzielung einwandfreier Äquidensiten; γ ist das Maß für die Steilheit, Neigungswinkel α der Schwärzungskurve, wobei die härteren Emulsionen höhere γ-Werte haben, die weichen stets kleinere. Die Ausprägung der Äquidensiten ist nämlich vom γ-Wert des photographischen Materials abhängig. Bei niedrigem γ-Wert erhält man breite, schwach ausgeprägte Äquidensiten, bei großem γ-Wert dagegen scharfe, schmale Linien. Diese Tatsachen wurden schon bald bemerkt und konnten mit der Zeit experimentell gut beherrscht werden. Theoretisch wurden die Verhältnisse insbesondere von KIND untersucht. Am einfachsten sind die Zusammenhänge zu verstehen, wenn man das unter I. A, 1 beschriebene Zwei-Platten-Verfahren zugrunde legt. Bei dem unter I. A, 2 dargelegten SABATTIER-Verfahren wird die photographische Schicht bei der Nachbelichtung gewissermaßen auf sich selbst kopiert; die Verhältnisse sind dadurch verwickelter und weniger leicht anschaulich zu machen. Prinzipiell und qualitativ ist jedoch auch in diesem Falle kein anderes Untersuchungsergebnis zu erwarten; auch experimentell ist kein Unterschied festzustellen. Es ist hinreichend, mit idealisierten Schwärzungskurven zu arbeiten (Bild 21). Der Schwärzungsverlauf einer Platte mit der Steilheit γ (etwa eine Graukeilkopie) wird auf eine zweite Platte vom gleichen γ-Wert derart kopiert, daß den klaren, voll transparenten Teilen der ersteren etwa die Schwärzung $S = 3$ auf der zweiten entspricht; diese Schwärzungswerte entsprechen etwa den in Bild 22 mit der Steilheit γ^2 dargestellten. Werden beide Platten Schicht auf Schicht zusammengelegt, dann resultiert die in Bild 23 wiedergegebene Schwärzungskurve, die ein Schnitt durch eine Äquidensite ist.

Man hat nun verschiedene Möglichkeiten in der Wahl der Nachbelichtung; demnach können für einen bestimmten γ-Wert die Äquidensiten in verschiedene Schwärzungsbereiche gelegt werden (Bild 24).

Untersucht man die Äquidensiten für die verschiedenen γ-Werte von $\gamma = 0{,}75$ bis $\gamma = 4$, dann erhält man die schematisch in Bild 25 dargestellten Kurven. Äquidensiten erhält man demnach überhaupt nur für $\gamma > 1$; je größer der γ-Wert, desto schmaler werden die Äquidensiten.

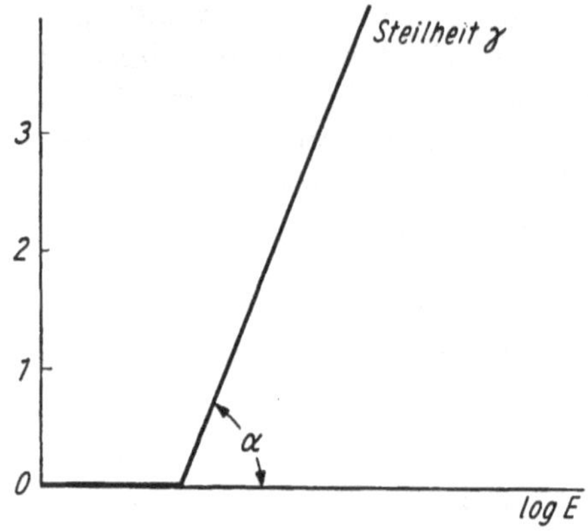

Bild 21. Idealisierte Schwärzungskurve einer Platte

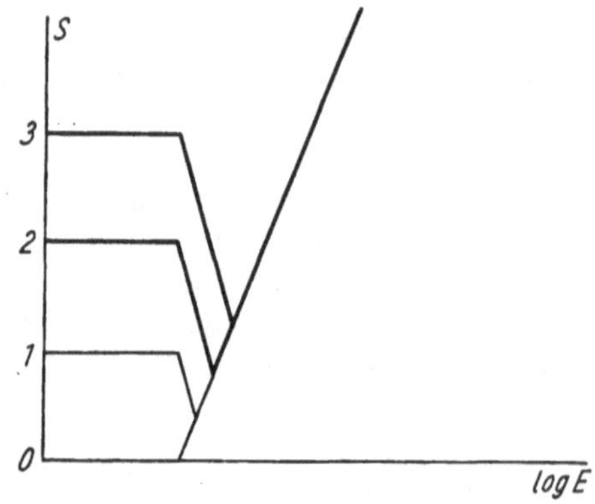

Bild 24. Äquidensiten in verschiedenen Schwärzungsbereichen

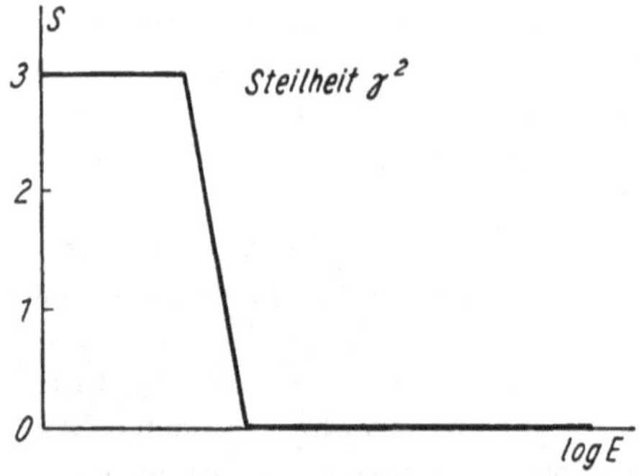

Bild 22. Idealisierte Schwärzungskurve der zu Bild 21 gehörigen Kopie

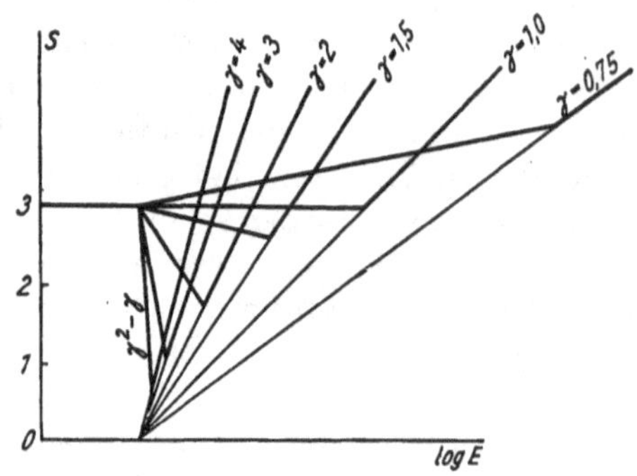

Bild 25. Äquidensiten für verschiedene γ-Werte

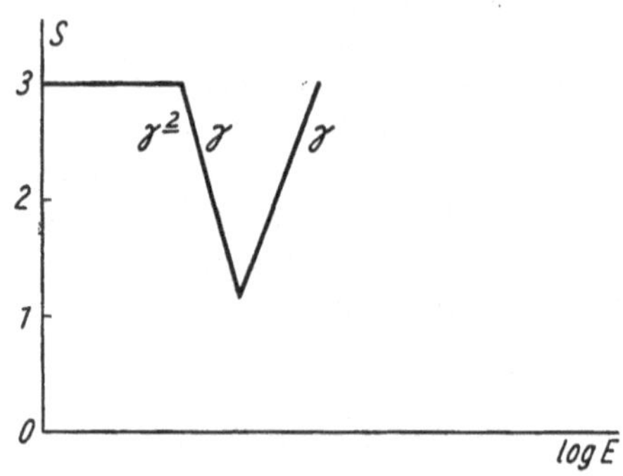

Bild 23. Äquidensiten der Kombination von Bild 21 u. 22 .

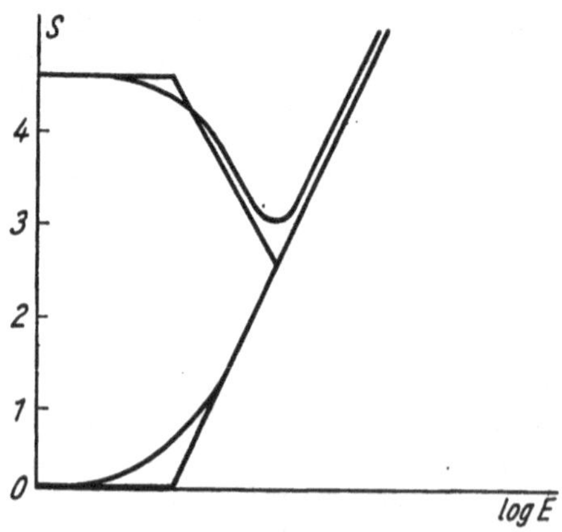

Bild 26. Vergleich zwischen idealisierten und reellen Kurven

Die wahren Verhältnisse können natürlich nur mit realen Schwärzungskurven errechnet werden, da die idealisierte Schwärzungskurve etwas zu scharfe Äquidensiten vortäuscht (Bild 26). Es geht jedoch aus den rein modellmäßigen Überlegungen hervor, daß man es in der Hand hat, durch die Wahl von γ jede beliebige Schärfe der Äquidensiten zu erhalten; ferner hat man durch die Wahl der Nachbelichtung die Möglichkeit, die Äquidensiten in beliebige Schwärzungsgebiete zu legen, wenn es auch einige experimentelle Geschicklichkeit erfordert, auf genau vorgegebene Werte zu kommen.

5. Äquidensiten höherer Ordnung

Ein spezielles Problem tritt bei den Äquidensiten höherer Stufe auf, nämlich ihre möglichst gleichmäßige Verteilung über das Bildfeld. Arbeitet man nämlich von vornherein mit harten Platten (hoher γ-Wert), dann werden die Äquidensiten zu schmal, und daher liegen die der 2. Stufe zu eng. Dies ist in Bild 27a schematisch dargestellt: ist die Kurve a die Intensitätsverteilung z. B. eines Interferenzstreifens, dann werden mit hartem Plattenmaterial zwei steile Äquidensiten b erhalten; von diesen werden vier Äquidensiten 2. Stufe (c) gewonnen, von denen je zwei sehr eng beisammenliegen. Erwünscht wären jedoch Verhältnisse, wie sie in Bild 27b dargestellt sind: Hier sind die Äquidensiten (b) sehr breit, so daß die hiervon hergestellten vier Äquidensiten 2. Stufe (c) gleichmäßiger über das Intensitätsfeld verteilt sind und vor allem weiter auseinanderliegen. Sucht man die breite Äquidensite durch Verwendung weicher Platten (also niedrigem γ) zu erreichen, dann zeigt sich, daß diese Äquidensite viel zu flach und unsymmetrisch verläuft (Bild 25) und zum Fortschreiten nach höheren Stufen nicht geeignet ist. Um das Ziel dennoch zu erreichen, kann man das γ einer harten Platte durch *Einfärben* der Schicht vermittels geeigneter Chemi-

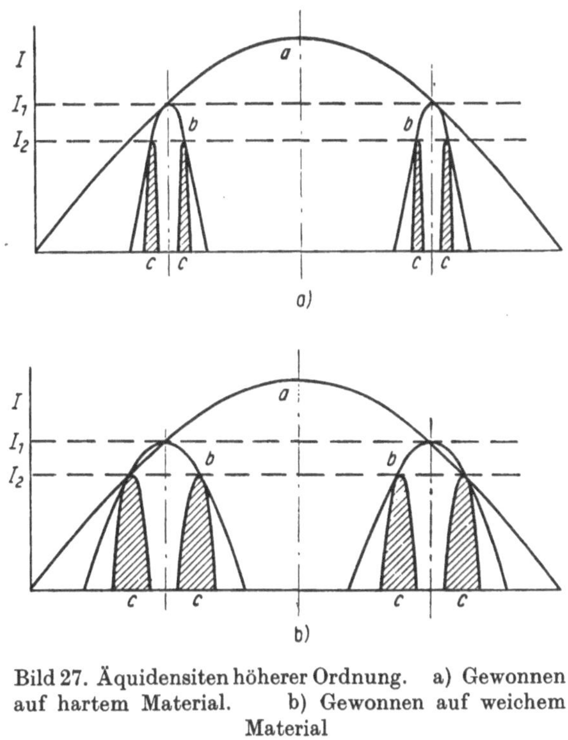

Bild 27. Äquidensiten höherer Ordnung. a) Gewonnen auf hartem Material. b) Gewonnen auf weichem Material

kalien beliebig herabsetzen, z. B. von $\gamma = 3$ auf $\gamma^0 = 1,5$ (Bild 28). Durch das Einfärben werden für die absorbierten Spektralgebiete die wirksamen photographischen Schichtdicken geringer und diese Wellenlängen erst für gesteigerte Intensitäten in den unteren Schichten wirksam. Entwickelt man eine solche Platte, so erhält man je nach Dosierung des Färbemittels ein entsprechend kleineres γ und eine über sehr große Intensitätsbereiche gerade Schwärzungskurve; die Platte kann gewissermaßen als „Intensitätsraffer" benutzt werden.

Durch $\gamma = 3$ erhielte man die schmale Äquidensite A_1. Wird jedoch bei der Primärbelichtung die Platte auf $\gamma^0 = 1,5$ kopiert und erfolgt die Nachbelichtung nach Auswaschen des Färbemittels, also bei $\gamma = 3$, dann erhält man die breite Äquidensite A_2; diese hat etwa die gleiche Tiefe wie A_1 und hat eine mehr symmetrische Intensitätsverteilung zum Unterschied von der flachen und unsymmetrischen Äquidensite A_3, die eigentlich zu $\gamma^0 = 1,5$ gehört (Nachbelichtung).

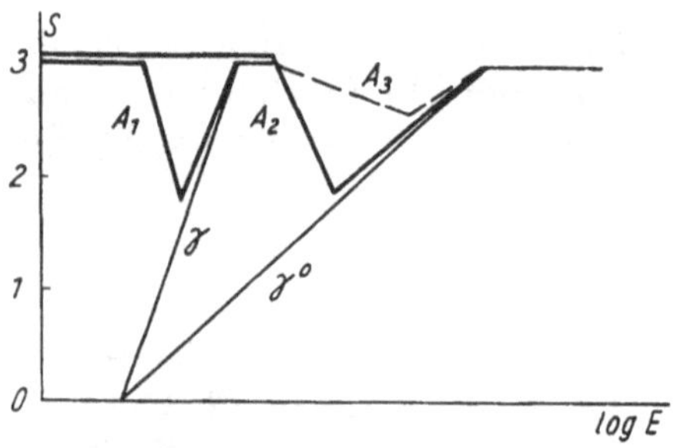

Bild 28. Durch Einfärben gewonnene breite Äquidensiten (nach KIND und LAU)

Diesen Vorgang kann man bei Bedarf mehrmals wiederholen und so zu Äquidensiten 3. oder 4. Stufe gelangen, die weit genug auseinanderliegen, um noch gut ausgewertet werden zu können; das Verfahren ist für eine erschöpfende Bildanalyse von hervorragender Bedeutung (siehe auch Abschn. V, 5).

Nach den Versuchen von E. G. KIND hat sich zum Einfärben der photographischen Schichten folgendes Rezept als gut brauchbar erwiesen:

0,4% Echtlichtorange GX
0,5% Anthralangelb
99,1% H_2O.

Bei höherer bzw. geringerer Farbstoffkonzentration wird die Steilheit der Schwärzungskurve vergrößert bzw. verringert; die Badezeit beträgt etwa 3 Min.

6. Äquidensitenschärfe und Informationsgehalt

Nach den bisherigen Ausführungen könnte es scheinen, als ob die höchste nur erreichbare Schärfe der Äquidensiten angestrebt werden müsse, wenn die größte Meßgenauigkeit erreicht werden soll. Dies ist jedoch nur ganz bedingt richtig. Um die schärfsten Äquidensiten zu erhalten, ist man bestrebt, mit möglichst hartem Plattenmaterial zu arbeiten, wie im vorigen Abschnitt allgemein gezeigt werden konnte. Im Extremfalle kann es jedoch eintreten, daß die höhere Meßgenauigkeit der überscharfen Äquidensiten nur eine scheinbare ist; die Äquidensite ist zu schmal und folgt den statistischen Kornschwankungen, ohne Auskunft zu geben, ob die Genauigkeitsgrenze überschritten ist bzw. die statistische Unruhe beginnt. Es sei dies durch Bild 29 schematisch deutlich gemacht: Die Schwärzungskurve S_1 umfaßt einen Intensitätsbereich ΔI, der wesentlich mehr Informationsgehalt vermittelt als nach Umkopie auf extrahartes Material $\gamma_2 \gg \gamma_1$ (Kurve S_2). Hier kann lediglich der im Bereich ΔS befindliche Informationsgehalt (ΔI_0) wiedergegeben werden; die Äquidensite wird also eine sehr scharfe und eine flachere Flanke haben. Im Falle eines extrem steilen Materials $\gamma_3 = \infty$ (Kurve S_3) kann von einer Äquidensite überhaupt nicht gesprochen werden; sie müßte unendlich schmal werden, der Informationsgehalt muß notwendig Null werden, da $\Delta I = 0$ ist. Man erhält jedoch durch Streulichteffekte trotzdem eine Kurve; diese Kurve ist in ihrem Querschnitt nicht mehr durch einen Schwärzungsverlauf ΔS gesteuert und bringt jedenfalls kaum mehr als eine Hartkopie. Dieser Effekt wird bereits in der Photomontage verwendet [12].

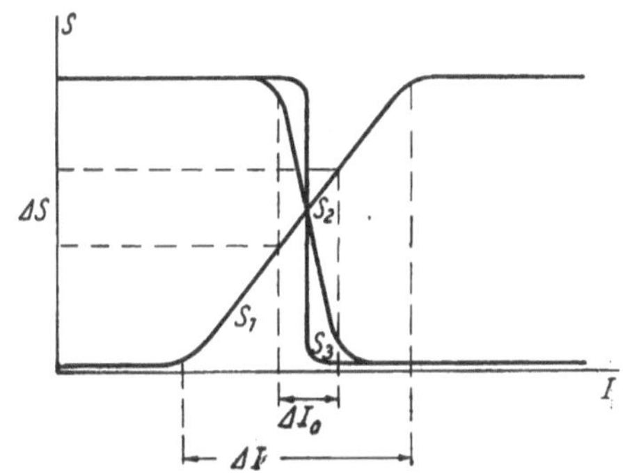

Bild 29. Informationsgehalt und Schärfe der Äquidensiten

Ist die Äquidensite breiter und wird sie durch einen gewissen reellen Schwärzungsbereich gesteuert, dann kann man u. U. aus der Übereinstimmung der Struktur beider Flanken auf die meßtechnische Realität schließen. Ferner gibt die Breite der Äquidensite noch Auskunft über den jeweiligen Gradienten in der Primärbeleuchtung. Hierbei ist die Äquidensitenbreite beim SABATTIER-Verfahren und gleicher γ-Entwicklung der Wurzel aus dem Gradienten umgekehrt proportional. Es empfiehlt sich daher, das Plattenmaterial dem vorliegenden Problem anzupassen (vgl. hierzu Abschn. IV und V, 5).

B. Schwärzungsplastik-Verfahren

Geht man von dem Grundgedanken aus, daß die belichtete und entwickelte photographische Schicht eine Art Gebirge aus reduzierten Silberkörnern darstellt, dann gelangt man nach LAU zu einem Verfahren der Äquidensitometrie, das sich von dem bisher besprochenen dioptrisch-photographischen grundsätzlich unterscheidet.

Die Schwärzung ist abhängig von der Menge des reduzierten Silbers; kann man die Silbermenge in irgendeiner Form örtlich messen, muß aus diesen Meßwerten die örtliche Schwärzung abgeleitet werden können; im Gegensatz zur Messung der Schwärzung über die Transparenz (photometrische Schwärzungsmessung) würde eine solche Schwärzungsmessung einen bedeutenden Vorteil bei hohen Schwärzungswerten ($S > 2$) bieten.

Eine Möglichkeit, das „Silbergebirge" auszumessen, bietet sich z. B. sehr günstig in den Interferenzbildern, deren Kurven die Orte gleichen Niveaus miteinander verbinden. Betrachtet man die photographische Schicht im *Interferenzmikroskop* [39] oder in einem anderen geeigneten Interferometer, so tritt die Schwärzungsplastik durch die Niveaulinien deutlich hervor. Ein Interferenzmikroskop ist eine Kombination von Mikroskop und Interferometer, die auf verschiedene Weise verwirklicht werden kann. Für die mikrointerferometrische Betrachtung reflektierender Objekte kann man entweder ein sehr kleines MICHELSON-Interferometer zwischen Mikroskopobjektiv und Objekt setzen [34] oder je ein Mikroobjektiv vor die beiden Spiegel eines MICHELSON-Interferometers [43, 44]; in jedem Falle wird der eine Interferometerspiegel durch das zu unter-

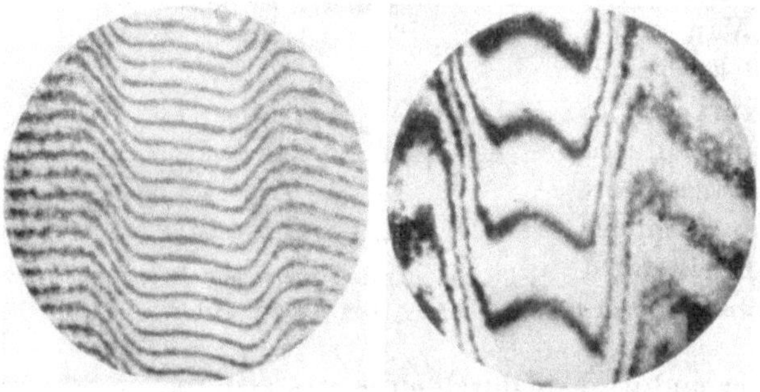

a) b)

Bild 30. Oberfläche einer photographischen Schicht nach RIENITZ. Breite des weißen Streifens etwa 280 μ. Interferenzbild: Neigung der Höhenschichtlinien erzeugenden Ebenen gegen die Oberfläche: a) 21′, b) 5′

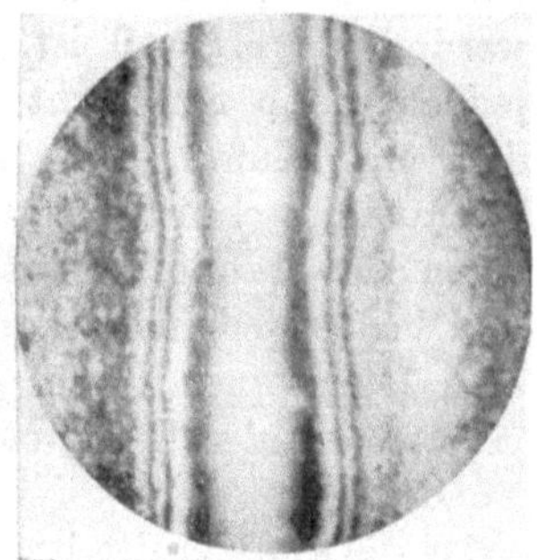

Bild 31. Interferenzkontrastbild zu Bild 30. Senkrechter Schnitt

suchende Objekt gebildet, während der andere eine Art Vergleichsspiegel (z. B. eine möglichst vollkommene Ebene) darstellt. Durch solche Konstruktionen sind ähnliche Verhältnisse erzielt, wie sie bei der üblichen Interferometrie, z. B. der Ebenheitsprüfung von optischen Flächen, vorliegen; die gewohnten Beziehungen bei der Oberflächenprüfung sind jedoch auf die mikroskopischen Verhältnisse in der Weise zu übertragen, daß alle dem Auflösungsvermögen des Mikroskopes zugänglichen Einzelheiten in die Prüfung einbezogen werden können. Die Bilder 30 und 31 zeigen als Beispiel einen Ausschnitt aus der Oberfläche einer Platte, auf der ein Objektmikrometer mikrophotographisch aufgenommen wurde. Der helle Streifen in der Mitte der Bilder ist das ungeschwärzte Bild eines Mikrometerstrichs, das auf der Platte etwa 280 μ breit ist. Links und rechts davon sieht man die Schwärzung der Umgebung. Die Bilder zeigen, daß die nicht geschwärzten Teile der Platte ein anderes Niveau haben als die geschwärzten; die geschwärzten Teile liegen höher, so daß das Bild des Strichs ein Graben ist. Man kann im vorliegenden Fall die Interferenzstreifen mit gewissem Recht als (durch Schnitt senkrecht zur Oberfläche gewonnene) Niveaulinien auffassen. Die Grundbedingung dafür, daß es erlaubt ist, die (bei dem in der Interferenzmikroskopie meist vorliegenden schrägen Schnitt) gewonnenen Niveaulinien als senkrechte Profillinien zu behandeln, ist die, daß das Profil sich zum mindesten über den von der Auslenkung eines Interferenzstreifens erfaßten Bereich nicht wesentlich ändert. Je geringer man den Neigungswinkel zwischen der Oberfläche und den erzeugenden Ebenen wählen kann, um so größer wird die Überhöhung des Profils. Wie weit der hier zulässige Bereich geht, kann man am besten aus dem Interferenzkontrastbilde (Bild 31) ersehen, das geringe Abweichungen im Profil besser erkennen läßt als die Interferenzbilder (Bild 30a, b). Diese geben dagegen wieder eine unmittelbare Vorstellung von dem Profil, das aus den Interferenzkontrastbildern nicht ohne Auswerteverfahren zu ermitteln wäre.

Das Profil des Grabens zeigt einige unerwartete Züge. Man erkennt vor allem in Bild 30b, daß der Rand des Grabens einen etwas erhöhten Wall trägt. Dann folgt ein steiler Abfall, während die Mitte der Grabensohle wieder leicht ansteigt. Welche Vorgänge beim Behandeln der Platte dieses eigenartige Profil verursachen, bleibt noch zu untersuchen, ebenso, welche Folgerungen sich daraus ergeben. Zweifellos liegen hier Störungen durch ROSS-Effekt([3]) vor.

Die wichtigste Erkenntnis, die aus den Untersuchungen über derartige Photogramme gewonnen wurde, ist die, daß die in dem Interferenzkontrastbild (Bild 31) sichtbaren Niveaulinien der Schwärzungsplastik mit den Kurven gleicher Schwärzung weitgehend identisch sind, also Äquidensiten darstellen.

Die in den Interferenzbildern (Bilder 30a und b) sichtbaren Profillinien durch die Schwärzungsplastik sind mehr oder weniger überhöhte Schwärzungskurven oder photometrische Kurven in Richtung des Profilschnittes. Demnach liefert das Interferenzbild die Photometerkurven bei *eindimensionalen* photometrischen Aufgaben (z. B. Spektrophotometrie, s. Abschn. V, 3b), das Interferenzkontrastbild liefert die Äquidensiten bei *zweidimensionalen* photometrischen Problemen (z. B. Bildanalyse, s. Abschn. V, 5).

Für die praktische Anwendung des Verfahrens ist zunächst ein Interferometer notwendig, das mit seinen Justiermitteln den stetigen Übergang vom Interferenzbild schlechthin zum Interferenzkontrastbild ermöglicht. Als solches Gerät hat sich bei unseren Untersuchungen das Interferenzmikroskop nach KRUG und LAU [34] gut bewährt; ebenso können auch andere Interferometer oder Interferenzmikroskope mit schwacher Vergrößerung benutzt werden. Es dürfte jedoch für die Praxis notwendig sein, eine Art „Interferenzlupe" mit schwacher Vergrößerung zu entwickeln, um größere Flächen erfassen zu können. Normale photographische Platten pflegen auf etwa 1 cm^2 hinreichend plan zu sein, um das Verfahren anwenden zu können.

Die Vorteile des Schwärzungsplastik-Verfahrens sind grundsätzlich folgende: Das Interferenzbild liefert sofort den Verlauf der Schwärzung, und zwar bis zu Schwärzungen, die dioptrisch überhaupt nicht zu erfassen sind. Ferner liefert es bei größerer Silberplastik sofort Äquidensitenscharen, die durch einfache Justiermittel an beliebige Stellen gelegt werden können. Überdies gestatten die Äquidensitenscharen bzw. Profillinien, direkt den Schwärzungsgradienten jeder beliebigen Stelle des Photogramms abzulesen.

Die Genauigkeit des Verfahrens hängt ab von der Eigenschaft der Gelatineschicht (Ross-Effekt und Glätte), durch die die Definition der Streifenlage beeinflußt wird. Durch Verfahren, ähnlich denen bei der Erzeugung von Hochglanzpapieren, können sehr gut interferenzfähige Schichten erzielt werden. Bei Platten mittlerer Härte (Spektralplatten) entspricht z. B. eine Interferenzordnung im geraden Teil der Schwärzungskurve 0,7 S; da es gelingt, den Interferenzstreifen ohne weiteres auf 10% zu lokalisieren, ist es leicht möglich, die Schwärzung auf einem Bereich von drei Schwärzungseinheiten auf 0,1 S genau abzuleiten. Wenn es die Streifendefinition gestattet, können die dioptrisch-photographischen Äquidensitenverfahren zur weiteren Auswertung und Erzielung höherer Genauigkeit herangezogen werden. Eingehende Untersuchungen über das Verfahren werden gemeinsam mit Kind und Roose durchgeführt und an anderer Stelle veröffentlicht.

III. Praktische Grundlagen

1. Allgemeines

Die praktische Herstellung von Äquidensiten nach dem Schwärzungsplastik-Verfahren beruht auf bekannten Methoden der interferometrischen Oberflächenprüfung und braucht daher hier nicht ausführlich behandelt zu werden, zumal die einschlägige Literatur viele diesbezügliche Arbeiten veröffentlicht hat [z. B. [28], [29], [34], [43], [44]].

Anders liegen die Verhältnisse bei den dioptrisch-photographischen Äquidensiten-Verfahren; hier sind z. T. neue Erkenntnisse der wissenschaftlichen Photographie angewandt worden, die erst mit Hilfe der Äquidensitometrie gewonnen werden konnten.

Für die Herstellung dioptrisch-photographischer Äquidensiten in der Praxis hat sich das SABATTIER-Verfahren als das sicherste und am besten beherrschbare erwiesen. Nach den Untersuchungen von KIND[[9]] und den speziellen praktischen Erfahrungen, die von HESS, STUTZKE und ROOSE in den Laboratorien gemacht wurden, sind das Negativ-Positiv-Verfahren sowie das Streulicht-Verfahren in der Praxis weniger zu empfehlen; im folgenden werden diese kaum noch berücksichtigt.

Zunächst ergibt sich aus der Tatsache, daß der SABATTIER-Effekt zu einem wesentlichen Teil ein Kopiereffekt ist, die Notwendigkeit, für das Äquidensitenverfahren Plattenmaterial mit hohem γ-Wert mit den Einschränkungen zu verwenden, die im Abschn. II, 6 gemacht wurden.

Der chemische Teileffekt bewirkt durch Diffusion unter Umständen ein Verwischen feinerer Strukturen. Daher ist es meist angebracht, zwischen die primäre Entwicklung und die Nachbelichtung ein kurzes Wässern einzuschalten. Der SABATTIER-Effekt wird dadurch zwar etwas weniger ausgeprägt, aber die Zeichnung der Äquidensite ist richtiger. Der chemische Effekt ergibt u. U. einen Ausgleich der Kurvenunruhe, unterdrückt also Details. Wichtig ist eine Betrachtung über die Genauigkeit und Zuverlässigkeit des Verfahrens. Man muß sich zunächst darüber im klaren sein, daß es Linien gleicher Schwärzung im eigentlichen Sinn nicht gibt, da ja die Schwärzung keine kontinuierlich, sondern eine statistisch veränderliche Größe ist. Die Schwärzung kommt durch das Vorhandensein von schwarzen Silberkörnern endlicher Größe zustande. Je kleiner ein Bereich ist, um so unsicherer ist seine Schwärzung bestimmt, und es treten wegen der statistischen Verteilung der Körner Schwärzungsschwankungen bei gleicher Belichtung auf.

Es ergibt sich bei der Anwendung des Äquidensitenverfahrens, daß sich eine Verfeinerung der Äquidensiten so weit treiben läßt, wie der schmale Bereich, der von einer Äquidensite eingenommen wird, noch als einheitlich geschwärzt angesehen werden kann. Eine weitere Verfeinerung scheitert an der Körnigkeit des photographischen Materials. Die Äquidensiten degenerieren dann zu ausgefransten Gebilden (siehe z. B. Bild 13a, b).

Man kann also feststellen, daß sich mit dem Verfahren genau das aus einer gegebenen photographischen Platte herausholen läßt, was sie an Information über die Lage der Äquidensiten bietet.

Im übrigen spielt nur die Körnigkeit der Originalplatte in diesem Zusammenhang eine ins Gewicht fallende Rolle, nicht aber die der späteren Platten mit den Äquidensiten 1., 2. usw. Stufe; denn die Körnigkeit der primären Platte wird beim Kopieren wegen der steilen Gradation des zu verwendenden photographischen Materials erheblich verstärkt, so daß die noch hinzukommende Körnigkeit der späteren Platten zu vernachlässigen ist. Dies gilt insbesondere, wenn beim Kopieren gleichzeitig vergrößert wird. Dieses Vorgehen ist überhaupt sehr anzuraten. Man hat so die sichere Gewähr, daß beim Durchlaufen der verschiedenen Schritte des Äquidensitenverfahrens irgendwelche Effekte, die auf eine Verwischung feiner Details hinauslaufen, keine wesentliche Beeinflussung des Resultats mehr bewirken können (vgl. hierzu Abschn. V, 3a).

2. Herstellung der dioptrisch-photographischen Äquidensiten in der Praxis

Wegen der großen praktischen Bedeutung, die der Beherrschung aller Einzelheiten zukommt, wird eine ausführliche Schilderung gegeben, wie G. Hess und G. Stutzke die äußerst scharfen in Abschnitt V (z. B. Bilder 61, 62, 64) wiedergegebenen Äquidensiten erhalten haben.

Um bei der Anfertigung von Äquidensiten scharfe und vor allen Dingen möglichst feine Linien zu erhalten, ist es notwendig, daß ein Photomaterial verwendet wird, welches ein Maximum an γ liefert und dabei ein sehr feines Korn besitzt. Die normalen Aufnahmeemulsionen scheiden im allgemeinen wegen ihrer Weichheit aus, und man muß zu technischem Photomaterial greifen und die geringere Empfindlichkeit in Kauf nehmen. Am besten hat sich hierbei die von dem VEB-AGFA, Wolfen, hergestellte *Printonplatte* bewährt. Diese hat eine sehr feinkörnige, steil arbeitende Emulsion, die ein Auflösungsvermögen von ca. 155 Linien/mm besitzt. Die spektrale Empfindlichkeit dieser Platte liegt im Gebiet von ca. 400—480 mμ. Hauptsächlich wird die Printonplatte für feinste Rasteraufnahmen in der Reprotechnik benutzt. Bei dieser Platte hat man noch den Vorteil, daß die Verarbeitung bei einer relativ hellen Dunkelkammerbeleuchtung durchgeführt werden kann, und zwar verwendet man für diese Platte entweder die AGFA-Schutzfilter 113 D (Gelbgrün) oder 104 (Orange).

Für die Entwicklung ist es nun ebenfalls erforderlich, daß ein hartarbeitender Entwickler verwendet wird, und zwar wurden sehr gute Erfolge mit dem im AGFA-Rezeptbuch[53] als AGFA 75 angegebenen Entwickler erzielt. Die Zusammensetzung lautet folgendermaßen:

Zitronensäure	5 g
Hydrochinon	25 g
Natriumsulfit, wasserfrei	40 g
Trikaliumphosphat	110 g
Bromkalium	3 g

Der Entwickler ist unverdünnt zu benutzen. Sollte bei Verwendung von Leitungswasser ein flockiger Niederschlag auftreten, so ist dieser durch Filtrieren zu entfernen. Entwicklungsdauer 3—4 Min. bei 18° C. Die Verwendung des Entwicklers sofort nach dem Ansatz ist zu vermeiden; man läßt ihn zur Erzielung eines gleichmäßigen Arbeitens etwa einen Tag stehen.

Diese beiden Voraussetzungen, hartarbeitende Platte und Entwickler, garantieren jedoch noch nicht allein den Erfolg, sondern es ist erforderlich, daß das Original schon genügend kontrastreich ist. Ist dieses nicht der Fall, hat man also ein Original mit sehr schwachen Kontrasten, so ist es zweckmäßig, dieses auf Printonplatten bzw. ähnlich arbeitende Platten umzukopieren, so daß man ein kontrastreicheres Duplikatnegativ als Ausgangspunkt erhält. Wird das Ausgangsnegativ kontrastlos gelassen, so erhält man Äquidensiten, die recht breit sind und sehr zerfranst aussehen, welches auf den geringen Kontrast des Originals zurückzuführen ist, jedoch auch zum gewissen Teil von der Größe des Silberkorns in den Platten beeinflußt wird. Außerdem ist es am günstigsten, wenn das Umkopieren nicht im direkten Kontaktverfahren durchgeführt wird, sondern, entsprechend den vorhergehenden Bemerkungen, mit Vergrößerung verbunden ist. Selbstverständlich muß bei Aufnahmen für photometrische Zwecke für eine gleichmäßige Ausleuchtung des Bildfeldes gesorgt werden, damit der Intensitätsgang nicht verfälscht wird (siehe Abschn. V, 3). Handelt es sich jedoch um reine Strukturanalysen (z. B. Interferogramme), dann ist diese Forderung nicht so wesentlich. Die Erstbelichtung spielt eine große Rolle und muß jeweils durch Proben ermittelt werden, da sie von der Helligkeit des Belichtungsapparates und der Beschaffenheit des Negativs abhängig ist. Als richtige Belichtung kann etwa die Zeit angesehen werden, die nötig wäre, um eine normale Aufnahme mit der Platte herzustellen, d. h. nach dem Anentwickeln muß die Platte noch rein schwarzweiß sein. Wird die Belichtung zu kurz bemessen, so erfolgt keine Äquidensitenbildung, eine gewisse Überbelichtung schadet jedoch nicht.

Die belichtete Platte wird nun bei entsprechender Dunkelkammerbeleuchtung 1 Min. lang in dem Entwickler AGFA 75 anentwickelt und kommt dann, nachdem der in der Schicht befindliche Entwickler durch kräftiges Spülen (ca. $^1/_2$ Min.) unter fließendem Wasser herausgewaschen wurde, in eine mit Wasser gefüllte Schale und wird der diffusen Nachbelichtung ausgesetzt. Dieses hat sich im Gegensatz zu früheren Versuchen, bei denen die Platte nach dem

Abspülen an der Luft der diffusen Belichtung ausgesetzt wurde, als günstiger erwiesen; hierbei wird nämlich eine unterschiedliche Lichteinwirkung vermieden, welche durch die noch auf der Schicht verbliebenen Wassertröpfchen verursacht wird. Bei der Nachbelichtung verfährt man am zweckmäßigsten so, daß mittels Opallampen der Raum bzw. die Decke angestrahlt wird und das reflektierte Licht auf die Platte treffen kann. Bei einer direkten Bestrahlung der Schicht kann es vorkommen, daß hierbei eine gleichmäßige Lichtverteilung auf der Platte nicht möglich ist und dadurch eine unterschiedliche Schwärzung bzw. verschieden breite Äquidensiten auftreten. Bei unseren Versuchen wurde ein $5 \times 5 \times 3$ m großer Raum (weiß) von zwei 100-W-Opallampen erhellt, die auf der Platte eine Beleuchtungsstärke von ca. 28 Lx erzeugten. Die Belichtung beträgt hierbei 10 Min. Man könnte auch schon mit 2 Min. auskommen, jedoch haben Versuche gezeigt, daß bei längerer Nachbelichtung die Äquidensiten gleichmäßigere Strichbreiten aufweisen, da man sich im steileren Teil der Schwärzungskurve befindet. Wird dagegen die Beleuchtungsstärke auf der Schicht erhöht, z. B. auf 56 Lx, so kommt man selbstverständlich mit einer kürzeren Nachbelichtung aus (ca. 2—4 Min.).

Anschließend an diese Nachbelichtung wird die Platte wieder bei dem zulässigen Dunkelkammerlicht 2 Min. lang weiterentwickelt, danach abgespült, ausfixiert, gewässert und getrocknet.

Sollte es sich nachher zeigen, daß die Linien auf der Platte zu dunkel hervortreten, so kann dieses mit einem Abschwächer verbessert werden. Ein bewährtes Rezept [53] lautet folgendermaßen:

Abschwächer AGFA 700

Lösung *A*	Wasser	750 ccm
	Natriumthiosulfat krist.	150 g
	Thioharnstoff	12 g
Lösung *B*	Wasser	750 ccm
	Blutlaugensalz (Ferricyankalium)	20 g

Beide Lösungen sind auf das Endvolumen von 1000 ccm aufzufüllen. Kurz vor Gebrauch Lösung *A* und *B* zu gleichen Teilen mischen. Die fertige Lösung ist giftig und nicht sehr lange haltbar. (Nach Sicht abschwächen.)

Es sei noch darauf hingewiesen, daß es durch das Umkopieren der Originalaufnahme möglich ist, Äquidensiten 1. Stufe zu erzeugen, die so fein und scharf wie solche der 2. oder 3. Stufe des normalen Herstellungsverfahrens sind. Es besteht jedoch hierbei die Gefahr, daß infolge der Verwendung zu steil arbeitenden Materials gewisse Feinheiten verlorengehen bzw. man sich nur auf einer Flanke bewegt und der Informationsgehalt trotz sehr scharf aussehender Äquidensiten absinkt, wie bereits in Abschn. II, 6 ausführlich erläutert wurde. Es ist daher nicht immer zweckmäßig, die Äquidensitenschärfe zu weit zu treiben.

IV. Untersuchung der Leistungsfähigkeit des Verfahrens

1. Wiedergabe bekannter Intensitätsverteilungen

Zunächst ist zu beweisen, daß die durch die beschriebenen Verfahren erhaltenen Kurven tatsächlich Kurven gleicher Schwärzung sind und dadurch eine zweidimensionale automatische Photometrierung der photographischen Platte bewirken. Man kann dies leicht dadurch nachweisen, daß man einen bekannten Intensitätsverlauf mittels Äquidensiten untersucht. Dies wurde gemeinsam mit RIENITZ und ROOSE [15] in eingehenden Untersuchungen des Intensitätsverlaufs von Zweistrahlinterferenzen durchgeführt.

a) *Intensitätsverteilung von Zweistrahlinterferenzen*

Die Intensitätsverteilung von Zweistrahlinterferenzen ist die Grunderscheinung, aus der sich die gesamte Interferenzoptik, ja die Optik überhaupt, ableiten läßt. Es sei deshalb zunächst auf die Theorie dieser Erscheinung kurz eingegangen.

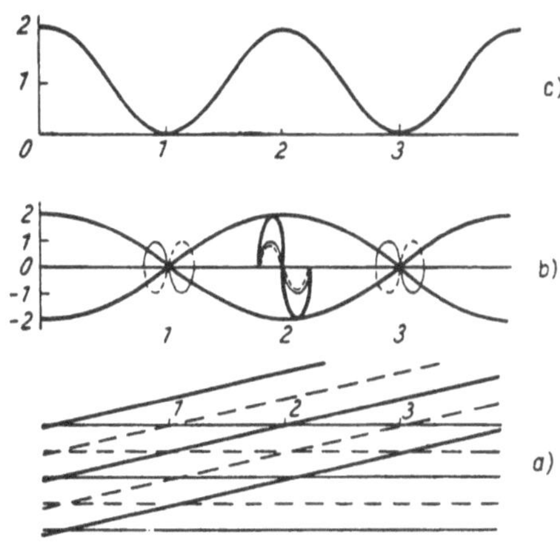

Bild 32. Entstehung von Zweistrahlinterferenzen

In Bild 32a sind zwei Systeme ebener, kohärenter Wellen angedeutet, die sich überlagern. Im Punkt 2 auf einer durch eine Wellenfront eines der beiden Wellensysteme gezogenen Ebene sollen die beiden Wellensysteme die gleiche Phase haben. In den Punkten 1 und 3 sind dann die Wellen gegenphasig. Es ergibt sich durch Addition der Amplituden ein Bild wie es in Bild 32b skizziert ist. Im Punkt 2 addieren sich die Amplituden, und es entsteht dort ein Wellenbauch der Einhüllenden, während bei Punkt 1 und 3 (Wellenknoten) die Amplituden sich aufheben. Die Amplitude einer optischen Welle können wir in keiner Weise wahrnehmen, wir nehmen nur die Intensitäten wahr. Die Intensität wächst bekanntlich mit dem Quadrat der Amplitude. Wie man sieht, bilden die Umhüllenden der Amplituden eine sinusförmige Kurve. Da die Intensität mit dem Quadrat der Amplitude wächst, ergibt sich folgende Gleichung:

$$J = \cos^2 \alpha = \frac{1 + \cos 2\alpha}{2}$$

Hieraus ergibt sich Bild 32c, das zeigt, daß die Intensitätsverteilung von Zweistrahlinterferenzen cosinus- bzw. sinusförmig ist, jedoch die halbe Wellenlänge hat wie die Umhüllenden der Amplitudenkurve. Die letzteren pendeln um die Null-Linie, während die Intensitätskurve entsprechend der Quadrierung nur positive Werte aufweist.

Daß die Lichtschwingungen sinusförmig sind, kann nicht mehr bezweifelt werden; besonders, weil sich aus der Analyse von Mehrstrahlinterferenzen (Gitter, PÉROT-FABRY-Platte u. a.), die mehrfach photometrisch gemessen wurden, die Sinusform ergibt [16]. Bei Mehrstrahlinterferenzen ergeben sich jedoch immer Korrekturen, die aus Mängeln der Anordnung (Gitterfehler oder Flächenfehler) zu erklären sind, so daß der Elementarvorgang nicht voll gesichert erscheint. Bei Zweistrahlinterferenzen können, wie bekannt, keine derartigen Fehler auftreten, auch ungleiche Intensitäten der beiden Strahlen führen lediglich dazu, daß die Interferenzerscheinung von einem Kontinuum überlagert wird. Höchstens Abbildungsfehler können eine Rolle spielen; da es sich hier um ausgedehnte Erscheinungen handelt, können diese immer klein gehalten werden.

Eine Analyse einer Zweistrahlinterferenz, die eigentlich die Grundlage ist, ist unseres Wissen nur einmal erfolgt [17]. Hier wurden Keilinterferenzen in Reflexion benutzt, die im wesentlichen eine Zweistrahlinterferenz darstellen. Der Intensitätsgang wurde mit einem Mikropyrometer festgestellt. Uns erscheint es zweckmäßig, die Zweistrahlinterferenz mit einer MICHELSON-Anordnung zu erzeugen, die die saubersten Verhältnisse liefert. Es muß lediglich dafür gesorgt werden, daß man monochromatisches Licht benutzt. Die Anforderungen an die Monochromasie sind aber in der Nähe der nullten Ordnung (gleiche Weglänge beider Strahlen) gering, wenn die Kohärenzlänge wesentlich größer gehalten wird als die auftretenden Gangunterschiede (vgl. z. B. [18]).

Um die Intensitätsverteilung von Zweistrahlinterferenzen photographisch-photometrisch zu prüfen, braucht man nach dem normalen Verfahren eine photographische Aufnahme eines Zweistrahlinterferenzsystems, und diese muß unter Berücksichtigung der Schwärzungskurve an möglichst vielen Stellen photometriert werden. Wendet man die Äquidensitenmethode an, so ergeben sich andere Möglichkeiten, die unseres Erachtens schneller zu höherer Genauigkeit führen, als die bisher bekannten Methoden. Legt man durch eine einfache Interferenzaufnahme Äquidensiten, so würde man eine Schar paralleler Kurven bekommen, deren Auswertung nach Kenntnis der Schwärzungskurve möglich wäre. Die Schwärzungskurven haben aber immer eine gewisse Unsicherheit, weil man niemals feststellen kann, ob die an einer anderen Stelle der Platte bestimmte Schwärzungskurve auch für die Meßstelle maßgebend ist. Auf alle

Fälle ergeben sich durch ein solches Verfahren eine ganze Reihe von Meßfehlern. Es wurde ein Äquidensitenverfahren ausgearbeitet, bei dem die Kenntnis der Schwärzungskurve nicht nötig ist. Der Grundgedanke ist folgender: Photographiert man ein und dieselbe Intensitätsverteilung von Interferenzstreifen zweimal auf dieselbe Platte, und zwar so, daß bei der zweiten Belichtung die Platte um 90° gedreht ist, so erhält man an jeder Stelle der Aufnahme eine Belichtungsintensität bzw. Schwärzung, die sich aus einer Addition der an der betreffenden Stelle auftretenden Intensitäten beider Streifensysteme ergibt. Legt man durch eine solche Aufnahme Äquidensiten, so ist die Form dieser Äquidensiten durch die Lage in dem Interferenzsystem gegeben, und es läßt sich aus einer Schar von Äquidensiten einwandfrei der Intensitätsverlauf ablesen. Im einzelnen wurde folgendermaßen vorgegangen: Mit einem Interferenzmikroskop nach KRUG und LAU [34] im Auflicht mit zwei Planflächen, also in der MICHELSON-Schaltung, wurde ein Zweistrahlinterferenzsystem mit Hg-Licht und dem Filter $\lambda = 5461$ Å in der Nähe der nullten Ordnung aufgenommen. Nach der Aufnahme wurde die photographische Platte um 90° gedreht und wiederum mit gleicher Belichtungszeit belichtet. Es entsteht dann ein Interferenzsystem, das in Bild 33 angedeutet ist. Die durchgezogenen Striche bedeuten die Lage der Maxima beider Interferenzsysteme. In einem Ausschnitt der Figur sind die theoretischen Kurven gleicher Intensität eingezeichnet. Dabei wurde die maximale Intensität eines Interferenzsystems entsprechend Bild 30c gleich 2 gesetzt. Die Stelle, an der die Intensitätsmaxima beider Interferenzsysteme sich überlagern, erhält daher den Intensitätswert 4. In Bild 34 sind die theoretischen Kurven gleicher Intensität in einem der vier möglichen Ausschnitte (Minimum rechts oben) vergrößert gezeichnet. Am unteren und linken Rand der Figur ist die sinusförmige Intensitätsverteilung derjenigen Teile der Interferenzstreifen dargestellt, die sich in dem gezeichneten Quadranten überlagern. Die Gleichung einer Kurve gleicher Intensität, die ja zugleich auch eine Äquidensite sein muß, lautet demnach:

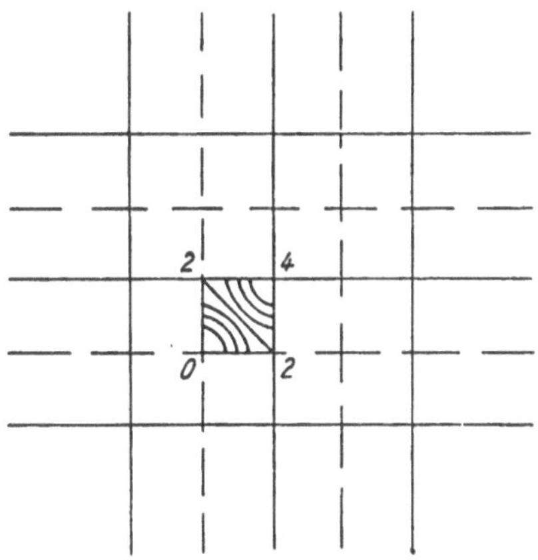

Bild 33. Schema der Äquidensiten bei gekreuzten Interferenzen

$$\cos \alpha + \cos \beta = \text{const}.$$

Eine Äquidensitenschar von dieser Gestalt ergibt sich also nur unter der Voraussetzung sinusförmiger Intensitätsverteilung. Es ist nun die Frage, ob die aus diesen Aufnahmen dioptrisch-photographisch erhaltenen Äquidensiten Kurven sind, die sich mit diesen theoretischen decken. Damit würde der Beweis für die Zuverlässigkeit der Methode erbracht sein. Bild 35 gibt zunächst eine vergrößerte Kopie des verwendeten Negativs, wobei zu bemerken ist, daß der Abstand zweier Maxima auf dem Original etwa 4 mm betrug; der Schwärzungsverlauf auf dem Original ist jedoch weicher als in der Reproduktion. Als Verfahren zur Herstellung von Äquidensiten wird der SABATTIER-Effekt (II, 2) benutzt. Wir stellten nach diesem Verfahren aus Bild 35 fünf Platten mit Äquidensiten erster Stufe her, bei denen durch Variation der Belichtungszeiten die Äquidensiten jeweils an andere Stellen des Schwärzungsanstiegs der Originalaufnahme gelegt wurden. Bild 36 und 37 stellen als Beispiele zwei so erhaltene Kopien dar. Da die Äquidensiten erster Stufe noch genügend breit sind (Abschn. II, 5), kann das Verfahren wiederholt werden. Dabei ergeben sich aus einer Äquidensite erster Stufe zwei Äquidensiten zweiter Stufe, die längs der Schwärzungsflanken der ersten verlaufen. Diese Serie von Äquidensiten zweiter Stufe ist in den Bildern 38 bis 42 vollständig abgebildet. Dabei wurde Bild 38 aus Bild 36 und Bild 41 aus Bild 37 gewonnen. Die Bilder 35 bis 42 zeigen alle den gleichen Ausschnitt in gleicher Lage und gleicher Vergrößerung. Wie man

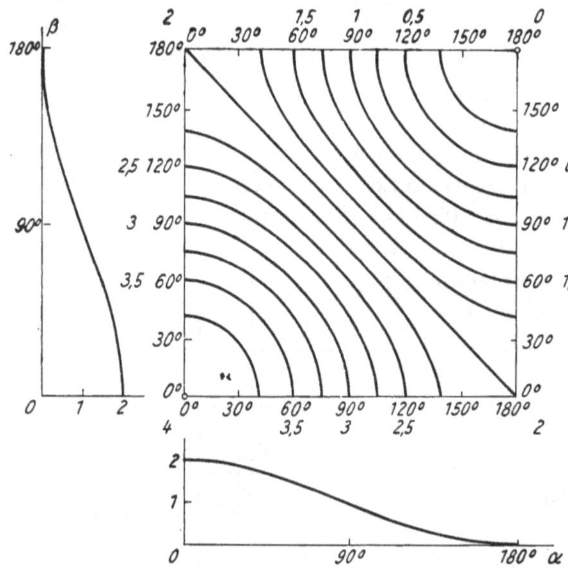

Bild 34. Theoretischer Verlauf der Äquidensiten bei gekreuzten Interferenzen

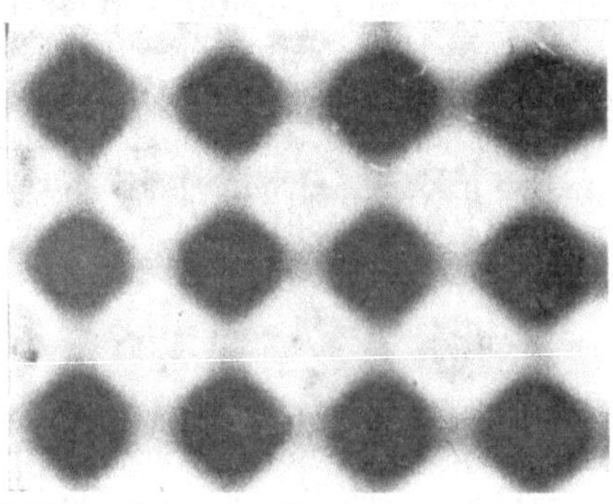

Bild 35. Gekreuzte Zweistrahlinterferenzen (Abstand zweier Ordnungen auf der Originalaufnahme 4 mm)

Bild 36. Äquidensiten 1. Stufe von Bild 35 (vgl. Bild 38)

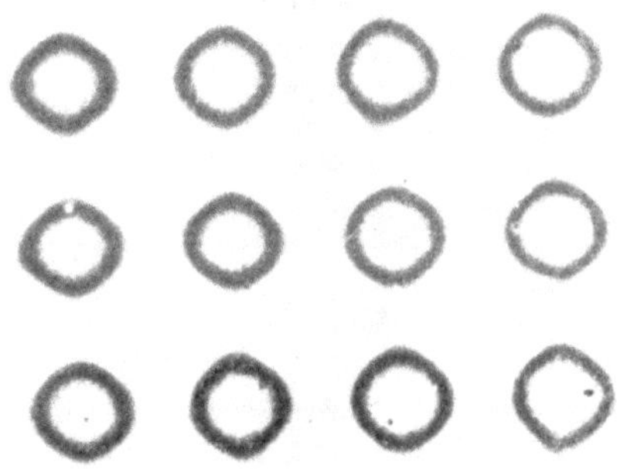

Bild 37. Äquidensiten 1. Stufe von Bild 35 (vgl. Bild 41)

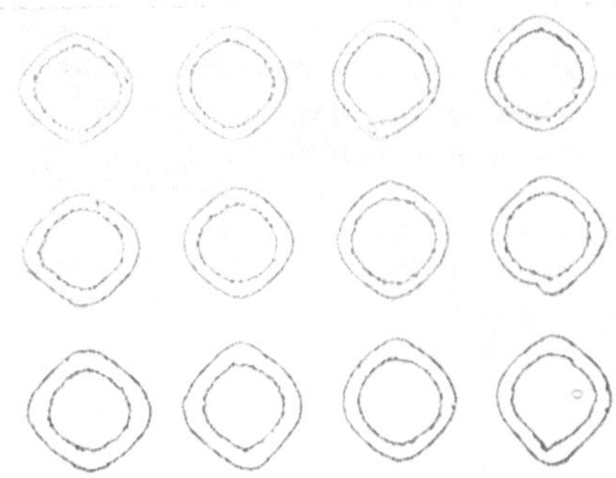

Bild 40. Äquidensiten 2. Stufe

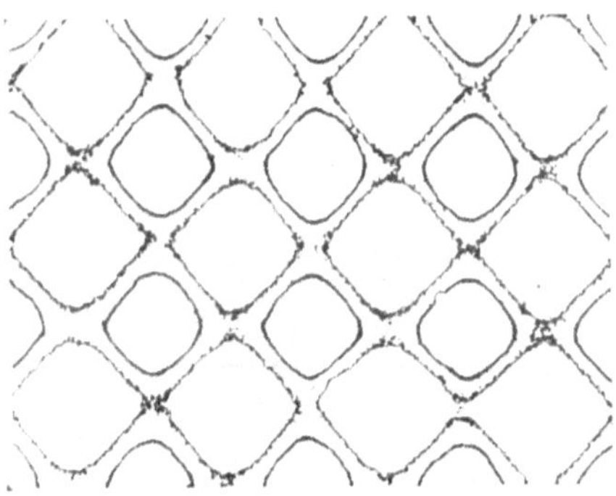

Bild 38. Äquidensiten 2. Stufe (aus Bild 36 gewonnen)

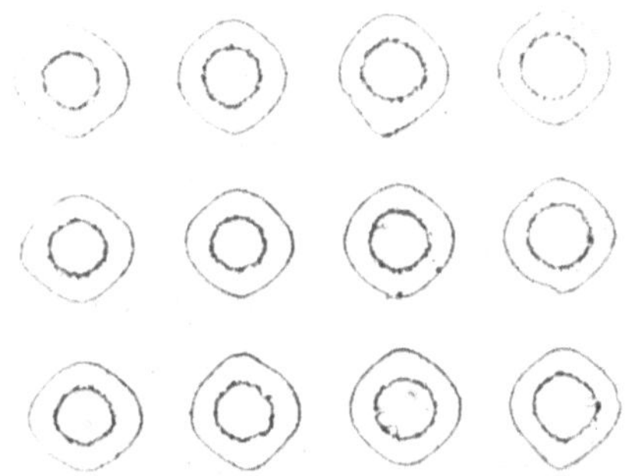

Bild 41. Äquidensiten 2. Stufe (aus Bild 37 gewonnen)

Bild 39. Äquidensiten 2. Stufe

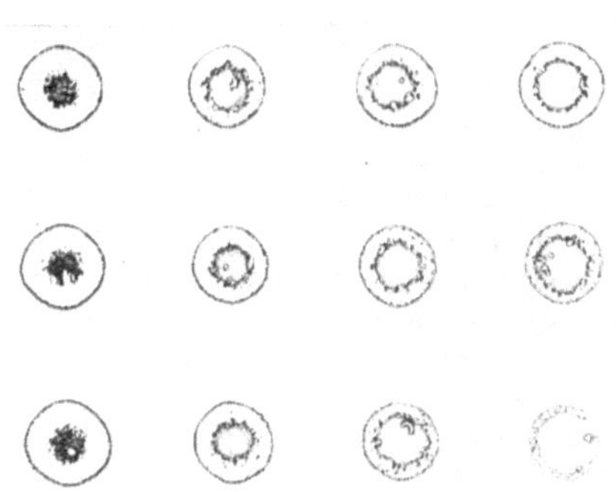

Bild 42. Äquidensiten 2. Stufe

sieht, ergeben sich bei der zweiten Stufe Äquidensiten erheblicher Schärfe, die zur Messung benutzbar sind, da ihre Lage genügend definiert ist. Ein besonderer Vorteil dieses Verfahrens ist, daß auf der gesamten zur Verfügung stehenden Fläche sofort Stellen bemerkbar sind, die versuchsbedingte Störungen auf-

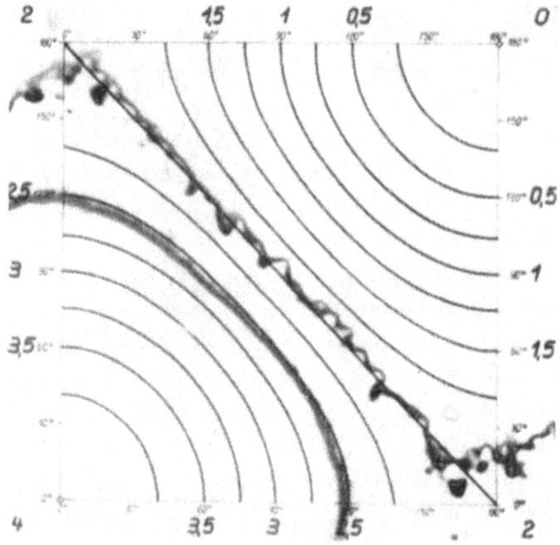

Bild 43 (aus Bild 38)

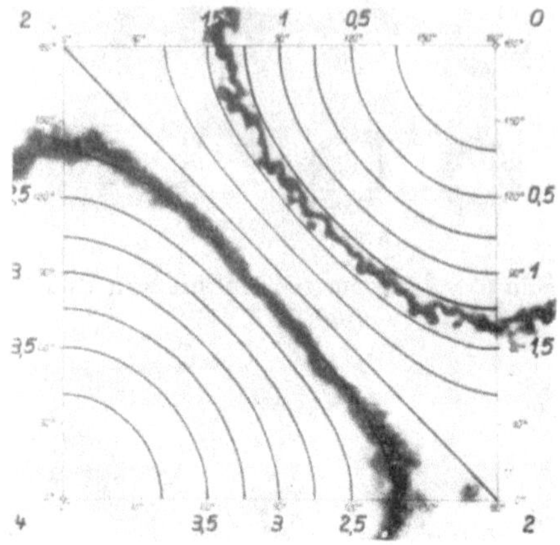

Bild 45 (aus Bild 39)

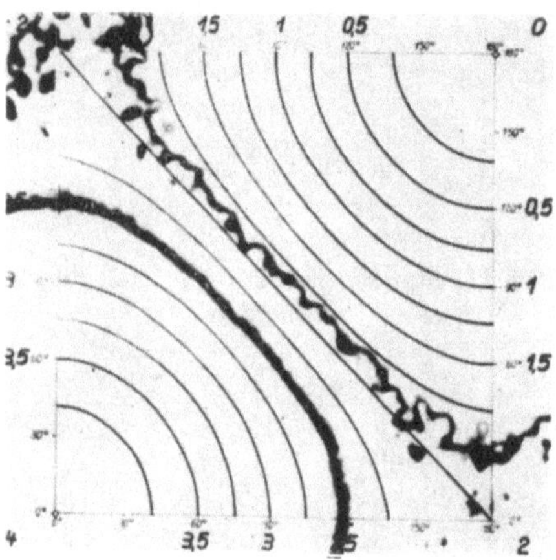

Bild 44 (aus Bild 38)

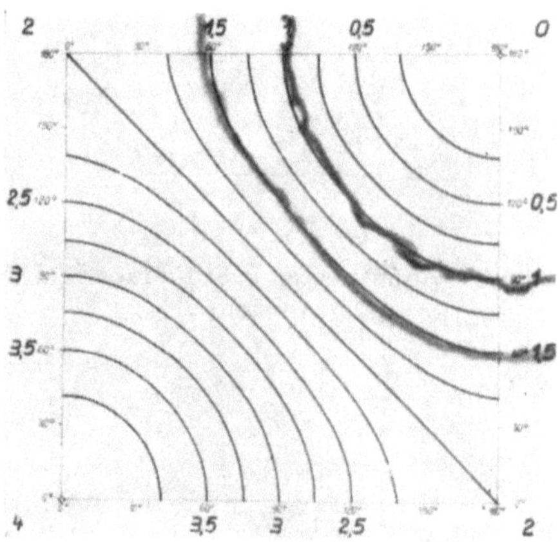

Bild 46 (aus Bild 40)

weisen. Diese wird man zu Messungen nicht heranziehen. Es ist also bei diesem Verfahren nicht nötig, aus einer Unzahl von Messungen zu mitteln, sondern man erkennt sofort die besten Stellen, die zur Messung in Frage kommen, und scheidet die anderen Stellen nicht willkürlich, sondern aus gutem Grunde aus. Die lokalen Verzerrungen der Äquidensiten erklären sich im wesentlichen aus Störungen des Reflexionsvermögens der Interferometerspiegel und der Dioptrik, die wir durch diese Untersuchung erst kennengelernt haben und sich nicht immer vermeiden lassen. Die in Bild 38 bis 42 erhaltenen Äquidensiten wurden nun auf das Schema von Bild 34 projiziert und damit Kopien von Schema + Äquidensite hergestellt (Bild 43 bis 48).

Aus diesen Abbildungen sieht man sofort, wie gut sich die photographischen Äquidensiten dem theoretischen Verlauf anschmiegen. Auffällig ist, daß stets die dem Nullwert (auf jeder Figur rechts oben) nähere Äquidensite eine stärkere Körnung zeigt als die andere. Es hängt dies damit zusammen, daß zur Zeit der Herstellung der Bilder die Notwendigkeit des Zwischenwässerns (Abschn. III, 2) noch nicht erkannt wurde. Stellt man eine Äquidensite 1. Ordnung her, so wird in diesem Fall die durch die Nachbelichtung bedingte Flanke durch Diffusion des entwicklungshemmenden Stoffes ausgeglichen und die Körnigkeit auf diese

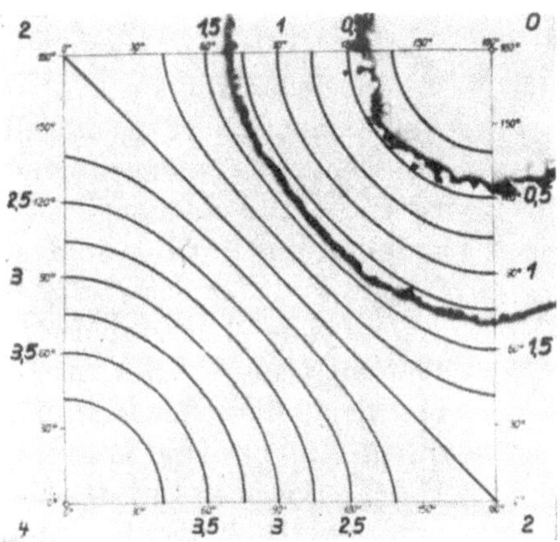

Bild 47 (aus Bild 41)

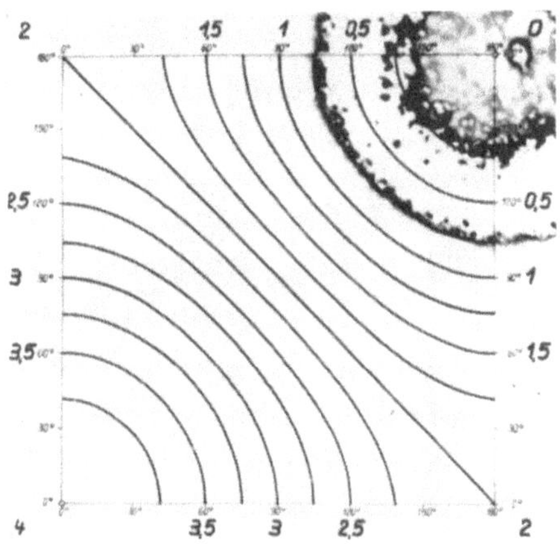

Bild 48 (aus Bild 42)

Bild 43 bis 48. Vergleich der Äquidensiten 2. Stufe mit den theoretisch berechneten Äquidensiten (Ausschnitte aus Bild 38 bis 42)

Weise herabgesetzt. Dies ist hier aus diesem Grunde nicht störend, da es sich nicht um Detailuntersuchungen, sondern lediglich um die Gesamtkurvenform handelt, die durch eine Art automatische Mittelung dargestellt wird. Aber auch die unruhigen Kurven der anderen Flanke der Äquidensite 1. Ordnung geben noch deutlich die Lage der Äquidensiten an. Diese Figuren beweisen also, daß mit großer Genauigkeit die theoretisch zu erwartende Intensitätsverteilung wiedergegeben ist. Das heißt also weiterhin, daß, falls bei den Lichtschwingungen die normalen Gesetze über den Zusammenhang von Amplitude und Energie gelten, die Schwingungen sinusförmig sind, wodurch auch diese Theorie indirekt noch einmal besonders genau bestätigt wird. Andererseits wird durch die Aufnahmen bewiesen, wie ausgezeichnet mit photographischen Äquidensiten gearbeitet werden kann. Die ausgewählten symmetrischen Kurven, die keine lokalen Störungen aufweisen, schmiegen sich den theoretischen Kurven aufs beste an. Jede einzelne der Äquidensiten stellt bereits einen großen Bereich der sinusförmigen Intensitätsverteilung sicher. Jedenfalls ergibt sich kein Hinweis auf eine systematische Abweichung.

Zur Prüfung des Äquidensitenverfahrens wurde weiterhin von Bild 40 noch eine Äquidensite dritter Stufe hergestellt (Bild 49). Man erkennt, daß nunmehr jede Äquidensite 2. Stufe wiederum in zwei Äquidensiten 3. Stufe aufgespalten ist. Mißt man den Abstand des äußeren Äquidensitenpaares, das von der scharfen Äquidensite 2. Stufe gewonnen ist, so ergibt sich an den Ecken ein um etwa 30% größerer Abstand der Linien als im geraden Teil dieser Kurvenpaare. Theoretisch müßte der Abstand 40% größer sein. Die Äquidensiten 3. Stufe sind in diesem Fall um einen Betrag verschoben, der etwa $^1/_{100}$ mm der Originalaufnahme entspricht. Der Grund dafür ist wohl der, daß die Linie 2. Stufe an den schmalen Stellen durch photographische Effekte prozentual etwas mehr verbreitert ist als an den breiten, was sich wahrscheinlich hätte vermeiden lassen, wenn man eine stärkere Vergrößerung gewählt hätte. Man kann jedenfalls aus unseren Aufnahmen schließen, daß die Äquidensite 2. Stufe noch keinen wesentlichen Fehler aufweist.

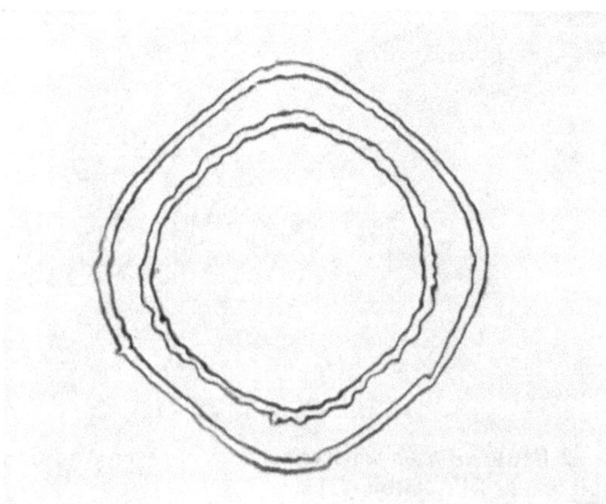

Bild 49. Äquidensiten 3. Stufe (aus Bild 40 gewonnen)

Durch das Äquidensitenverfahren wird der Schwärzungsverlauf einer photographischen Platte so ausgewertet, wie er in dem betreffenden Fall durch die photographische Platte gegeben wird. Man muß also besonders beachten, daß dieser Schwärzungsverlauf, der bereits durch die Fehler der optischen Abbildung, durch die Beugung bei der Abbildung, durch die Lichtstreuung in der Schicht usw. beeinflußt worden ist, nicht unbedingt in einem eindeutigen Zusammenhang mit dem Original stehen muß. Dieser Sachverhalt, der hier erwähnt wird, gehört einem gesonderten Problemkreis an und hat mit dem Äquidensitenverfahren selbst nichts unmittelbar zu tun, spielt aber bei der Deutung des fertigen Äquidensitenbildes eine Rolle, da hier unter Umständen ungerechtfertigte oder falsche Schlüsse über die Beschaffenheit des Originals gezogen werden.

b) *Schwärzungsgradient, Detailauflösung und Äquidensiten*

Wenn man die Zuverlässigkeit und Genauigkeit prüfen will, mit der die Äquidensiten den Stellen gleicher Schwärzung folgen, darf man den Gradienten nicht außer Betracht lassen. In der Kurvenschar von Bild 25 ist ein bestimmter Gradient der Primäraufnahmen vorausgesetzt. Streckt man die Abszisse, dann wird der Gradient kleiner, und mit seinem Kehrwert verbreitern sich die Äquidensiten; die Genauigkeit der Äquidensitenlage wächst jedoch nicht proportional mit der Streckung in einer Dimension, sondern nur mit ihrer Wurzel, da die Schwankung der Kornzahl mit der Wurzel aus der Anzahl der beteiligten Körner abnimmt. Hieraus geht auch hervor, daß mit einer Vergrößerung des Originals in zwei Dimensionen das gleiche Bildelement mit einer dem Quadrat der Vergrößerung entsprechenden Kornzahl wiedergegeben wird; die Definition der Schwärzung eines Bildelementes wächst demnach mit der Vergrößerung. Solange also die Äquidensiten nicht als extrem scharfe Linien gezüchtet werden (Abschn. II, 6), sondern zweidimensionale Gebilde darstellen, wächst der Informationsgehalt mit der Vergrößerung. Wenn trotzdem bei großem Gradienten die Äquidensite als scharfe Linie erscheint, so darf dies nicht darüber hinwegtäuschen, daß in bezug auf die Wiedergabe des Schwärzungsbereiches die Äquidensitenlage weniger genau ist. Da aber bei der Abbildung von scharfen Konturen (Profilen) dieser Fall eintritt und die verschiedenen Schwärzungen ganz dicht beisammenliegen, so wird trotzdem eine befriedigende Kurve gezogen; die geringe Definition der Schwärzung hat nämlich auf den örtlichen Verlauf der Äquidensite nur einen geringen Einfluß.

Betrachtet man die Gesamtheit der im vorigen Abschnitt erhaltenen Kurven, so ergibt sich bei bestimmten Werten der Schwärzung ein glatter Verlauf der beiden Kurven 2. Ordnung, bei anderen Schwärzungswerten ist die eine Kurve zerfranst; dies erklärt sich daraus, daß die glatten Kurven im Bereich des Optimums der Detailwiedergabe und auch dem höheren Gradienten auf der Originalaufnahme entsprechen, während die zerfransten Kurven im Bereich geringer Detailauflösung und gleichzeitig bei geringem Gradienten liegen. Die örtliche Schwärzungsdefinition ist demnach von Einfluß auf die Äquidensiten. Es ist im übrigen bemerkenswert, daß selbst die Äquidensiten 3. Stufe noch einen verschiedenen Intensitätsgradienten auf der Originalplatte erkennen lassen, der sich über einen Bereich von $^1/_{10}$ mm der letzteren erstreckt.

Erzeugt man von einem Bild eine große Äquidensitenschar durch Äquidensiten höherer Ordnung (Abschn. II, 5) oder durch Übereinanderkopieren verschiedener Äquidensiten von diesem Bild (Abschn. V, 5), dann gibt die örtliche Dichte der Äquidensiten ein Maß für den Gradienten.

Möglicherweise ist das in Abschn. VI dargelegte elektronische oder das Schwärzungsplastik-Verfahren in besonderer Weise geeignet, beliebige vorgegebene Äquidensitenscharen zu liefern. Bei der Behandlung der Probleme der Bildanalyse (Abschn. V, 5) werden hierfür einige Beispiele gezeigt werden.

Sind sehr kleine Gradienten im Bilde vorhanden, wie z. B. in den spannungsoptischen Bildern von SCHWIEGER und HABERLAND (Abschn. V, 7), so entstehen sehr breite Äquidensiten 1. Ordnung; ihre Breite gibt zugleich ein Maß für den Gradienten. Man kann den Gradienten durch den Abstand von Äquidensiten 2. Ordnung messen; es hat aber keinen Zweck, die Kurven 1. Ordnung schmäler zu gewinnen, da in diesem Falle Information verlorengeht.

Eine gute Übersicht über die Form einer Äquidensite bei kontinuierlich veränderlichen Gradienten zeigt Bild 69.

2. Die Meßgenauigkeit

Bisher fehlt noch eine eingehende Untersuchung der Meßgenauigkeit des Äquidensitenverfahrens. Bisher wurden vorwiegend experimentelle Erfahrungen mitgeteilt, daß z. B. dann eine weitere Verfeinerung der Äquidensiten nicht mehr möglich ist, wenn man den Bereich der statistischen Kornschwankungen erreicht. Das bedeutet offenbar, daß man mit diesem speziellen photometrischen Verfahren bis zu einer natürlichen Grenze gelangt und einen entsprechenden Informationswert aus der photographischen Platte herausholt, wie man ihn auch durch punktweise photometrische Ausmessung erhalten kann. Auch hier wird ja die Meßgenauigkeit durch Schwärzungsschwankungen, die in der statistischen Verteilung der Silberkörner ihre Ursache haben, begrenzt.

Das Endresultat des Äquidensitenverfahrens sind die Äquidensiten der letzten Stufe, ein System mehr oder weniger schmaler Streifen, die noch als definierte, zusammenhängende Streifen angesehen werden können. Für einen solchen Streifen kann nach KIND ohne wesentliche Willkür eine Breite b angegeben werden. Es muß nun untersucht werden, ob diese Breite b auch einem theoretischen Wert β entspricht, der aus der Annahme der statistischen Verteilung der Silberkörner — und der daraus resultierenden Unsicherheit des Schwärzungswertes kleiner Bereiche — als Wert für eine noch sinnvolle Breite abgeleitet wird. Wenn sich $\beta = b$ herausstellt, wäre die Breite b der Äquidensiten als das Optimum des Erreichbaren nachgewiesen.

Vorgegeben sei eine photographische Platte mit einer bestimmten Schwärzungsverteilung. ΔS sei die mittlere Schwankung der Schwärzung in einer kleinen Fläche F. Für die Beziehung zwischen S und ΔS kann

$$(\Delta S)^2 = \frac{f}{F}\,(0{,}5\,S + 0{,}15\,S^2)$$

angenommen werden(4); hier bedeutet $f(\ll F)$ die mittlere Fläche eines einzelnen Silberkorns. Dieser Unsicherheit ΔS der Schwärzung an einem vorgegebenen Ort der Platte kann eine Unsicherheit Δx des Ortes eines vorgegebenen Schwärzungswertes in Richtung des Gradienten der Schwärzung zugeordnet werden. ΔS und Δx sind durch die Beziehung

$$\Delta S = \frac{\partial S}{\partial x} \cdot \Delta x$$

miteinander verknüpft, in die der Gradient der Schwärzung $\frac{\partial S}{\partial x}$ eingeht.

Wir definieren nun in plausibler Weise die minimale Breite β eines Streifens, den man noch als einheitlich geschwärzt ansehen kann, derart, daß die mittlere

Ortsunbestimmtheit Δx einer kleinen Fläche F von der Größe β^2 den zehnten Teil von β ausmacht, also

$$\Delta x = \frac{1}{10}\beta$$

$$\beta = 10\,\Delta x;\quad \beta = 10 \cdot \Delta S \cdot \frac{1}{\frac{\partial S}{\partial x}}$$

$$\beta = 10\sqrt{\frac{f}{\beta^2}(0{,}5\,S + 0{,}15\,S^2)} \cdot \frac{1}{\frac{\partial S}{\partial x}}$$

$$\beta = \sqrt{10 \cdot \sqrt{f} \cdot \sqrt{0{,}5\,S + 0{,}15\,S^2} \cdot \frac{1}{\frac{\partial S}{\partial x}}}$$

Ausgeführte Experimente haben ergeben, daß b und β tatsächlich von gleicher Größe sind.

Ein Zahlenbeispiel: Die Aufnahme eines Systems von Interferenzstreifen wird dem Äquidensitenverfahren unterworfen. Streifenabstand $B = 4$ mm; $S = 1$; $\frac{\partial S}{\partial x} = 1{,}8\ \text{mm}^{-1}$; $\sqrt{f} = 1\,\mu$. Daraus ergibt sich $\beta = 67\,\mu$, also $\beta : B = 1:60$. Eine Äquidensite ist also in der Gegend des gegebenen Gradienten bis auf ein Sechzigstel des Streifenabstandes festgelegt. Handelt es sich um eine Oberflächenprüfung, so lassen sich demnach Oberflächenrauhigkeiten bis zur Größe von $\frac{\lambda}{120} \sim 40$ Å feststellen ($\lambda = 0{,}5\,\mu$). Vorauszusetzen ist hier allerdings, daß das Auflösungsvermögen des verwendeten Interferenzmikroskops hinreichend groß ist, um Punkte, deren Bilder im photographischen Bild einen Abstand von 67 μ haben, noch zu trennen. Nimmt man für das Auflösungsvermögen die Beziehung $d = \frac{\lambda}{A}$ an (d ist der Abstand gerade noch trennbarer Punkte, A die numerische Apertur des Mikroskops), so ist für eine 33fache Vergrößerung und eine Apertur $A = 0{,}25$ die Voraussetzung noch erfüllt. Man muß also stets darauf bedacht sein, vorher festzustellen, ob eine wegen der Feinkörnigkeit des Photomaterials an sich unter Umständen mögliche Verfeinerung der Äquidensiten noch zweckmäßig ist. Diese Grenze von 40 Å in diesem speziellen Fall gilt für das Flächenelement β^2. Hat man aber eine glatte Linie als Äquidensitenform zu erwarten, so ist die Lage dieser Linie durch eine große Zahl von Punkten definiert, und man kommt dann zu wesentlich größeren Genauigkeiten. Man gelangt so, z. B. bei der Dickenbestimmung von aufgedampften Schichten oder Kristallstufen, zu einer Meßgenauigkeit von etwa 10 Å; bei einer Mittelung über nur 16 solcher betrachteten β^2-Elemente ist dieser Wert bereits zu erreichen. Daraus ersieht man, daß der Wert von 10 Å durchaus keine prinzipielle Grenze darstellt, sondern in speziellen Fällen noch unterschritten werden kann. Aus der Formel für β geht hervor, daß dieser Wert abhängig ist von der Schwärzung S und dem Gradienten $\frac{\partial S}{\partial x}$, d. h. es ergibt sich bei kleiner Schwärzung und einem großen Gradienten ein Minimum. Dieses Minimum ist zugleich das Optimum der Detailwiedergabe. Aus den Bildern 43 bis 48 ergibt sich, daß Bild 46 beide Kurven gut durchgezogen zeigt; hier befindet man sich im Gebiet der besten Detailwiedergabe, d. h. der Informationsgehalt ist ein Maximum. Wenn die anderen Kurven auf den übrigen Bildern z. T. erhebliche Unruhe zeigen, so ist das bereits auf die Kornschwankungen zurückzuführen.

V. Anwendungsgebiete

1. Allgemeines

Als das wichtigste Anwendungsgebiet für das Äquidensitenverfahren ist nach den bisher vorliegenden Arbeiten die Auswertung von Interferenzlinien zu bezeichnen. Insbesondere bei der Oberflächenprüfung zur besseren Auswertung der mit dem Interferenzmikroskop erhaltenen Interferogramme ist eine Genauigkeitssteigerung um 1—2 Größenordnungen möglich. Der Vorteil besteht hierbei darin, daß das Verfahren sowohl auf Zwei- als auch auf Vielstrahlinterferenzen anwendbar ist, sowie die nachträgliche Behandlung und Auswertung jedes Interferogramms ermöglicht.

Ein weiteres Anwendungsgebiet dürfte in der automatischen Photometrierung irgendwelcher verwaschener oder kontinuierlich verlaufender Intensitätsverteilungen sein, wie sie bei den meisten Mikrophotogrammen vorliegen; bei der Auswertung von Mikrophotographien, die durch Übervergrößerung erhalten wurden, bringt das Äquidensitenverfahren zusätzlich Details zum Vorschein. Es wurden z. B. Aufnahmen von *Pleurosigma* mit 3000facher Vergrößerung und Apertur $A = 0{,}65$ gemacht. Nach der Äquidensitometrierung wurden etwa die gleichen Details festgestellt, wie man sie in Aufnahmen mit Ölimmersion, also Apertur > 1, vom gleichen Objekt gewöhnlich noch sieht. Die Äquidensiten der Ölimmersionsaufnahmen deuten bereits gewisse Einzelheiten an, die nur in den bekannten Aufnahmen von Pleurosigma mit Elektronenmikroskop enthalten sind. Selbstverständlich können solche Aufnahmen nur unter bestimmten Voraussetzungen durchgeführt werden. Das Verfahren kann auch auf elektronenmikroskopische Aufnahmen angewandt werden.

Weiterhin scheint eine günstige Anwendungsmöglichkeit in der Profilprüfung zu liegen. Bei den Profil- oder Schattenbildverfahren mittels Mikroskop oder Projektor wirkt es sich nachteilig aus, daß meist kein scharf begrenztes Bild entsteht und daher eine genaue Ausmessung nicht vorgenommen werden kann. Dies hat seine Ursache in Überstrahlung, Beugung, Dicke des Prüflings usw. (Gewindeprofilprüfung). Macht man Äquidensiten von Profilaufnahmen, scheint die Unschärfe beseitigt, und die verlorengegangenen Einzelheiten werden nachgezeichnet, so daß das Profil scharf und detailreich hervortritt; auch in der Ausmessung und Auswertung von Oberflächenprofilbildern nach dem Lichtschnittverfahren können Äquidensiten mit Erfolg angewendet werden.

Einige der ersten Anwendungen der Äquidensitometrie sind in den folgenden Abschnitten behandelt; es kann erwartet werden, daß sich das Material schnell erweitern wird.

2. Photometrie

Ein Beispiel für die Anwendung der Äquidensitometrie zu rein photometrischen Zwecken wurde bereits in Abschn. IV bei der Untersuchung der Intensitätsverteilung von Zweistrahlinterferenzen gegeben; die Darstellung ist so ausführlich, daß das Verfahren leicht für ähnliche Probleme dieser Art abgewandelt werden kann. In diesen Fällen bewährt sich insbesondere die *zweidimensionale* photometrische Auswertung der gesamten Fläche.

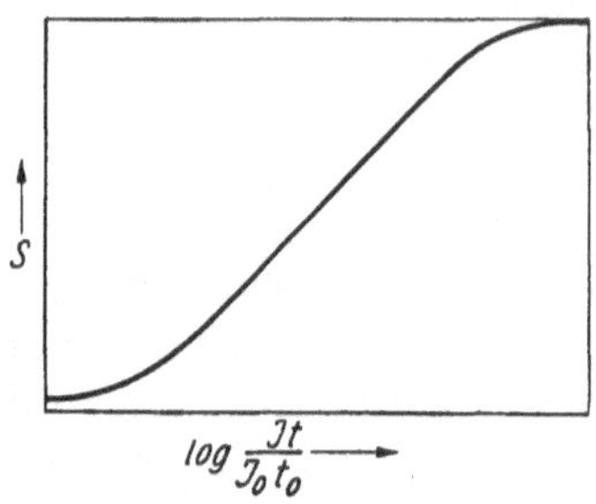

Bild 50. Schwärzungskurve, Abhängigkeit der Schwärzung S von der Belichtung $J \cdot t$

Eine spezielle Anwendung der Äquidensitometrie wurde von SCHULZ [14] angegeben, und zwar die Herstellung der Schwärzungskurve einer photographischen Platte ohne Photometer.

Die Schwärzungskurve einer photographischen Schicht enthält die Abhängigkeit ihrer Schwärzung S vom log der Belichtung It (I = Intensität, t = Belichtungszeit), auf die Einheiten I_0 und t_0 bezogen. In Bild 50 ist eine solche Kurve gezeichnet, welche die Funktion

$$S = f\left(\log \frac{It}{I_0 t_0}\right)$$

darstellt. Hält man die Belichtungszeit konstant $t = t_0$ (ändert also nur die Intensität I) und denkt sich die Intensität dimensionslos mit $I_0 = 1$, dann vereinfacht sich diese Funktion zu:

$$S = f(\log I). \tag{1}$$

Eine solche Schwärzungskurve kann man durch Photometrieren einer Graukeilphotographie erhalten. — Einfacher ist jedoch oft das im folgenden mitgeteilte Verfahren, bei welchem man ohne Photometer auskommt und auf rein photographischem Wege direkt die Schwärzungskurve erhält:

Man kopiere einen Graukeil, der einen logarithmischen Intensitätsverlauf besitzt, auf die zu untersuchende photographische Platte. Auf die fertige Kopie lege man man noch einmal denselben Graukeil, jedoch um 90° um die zur Platte senkrechte Achse gedreht, so daß nunmehr der Intensitätsabfall am Graukeil quer zum Schwärzungsabfall auf der Platte verläuft. Diese Kopie mit Keil photographiere man und erzeuge von der so erhaltenen Aufnahme Äquidensiten.

Jede solche Äquidensite stellt unmittelbar die Schwärzungskurve der zu untersuchenden photographischen Platte dar.

Zum Beweis denke man sich auf der zu untersuchenden Platte ein rechtwinkliges xy-Koordinatensystem, und zwar so, daß das beim Kopieren durch den Graukeil hindurchgegangene und auf die Platte auffallende Licht folgende Intensität I besitzt:

$$\log I = x + a$$

(a, b, c, d, e: Konstante). Der Schwärzungsverlauf S auf dieser Kopie hat dann wegen (1) die Form:

$$S = f(x+a). \tag{2}$$

Die Intensität I' des durch diese Kopie hindurchgegangenen Lichtes ist dann

$$-\log I' = S + b,$$

woraus wegen (2) folgt:

$$\log I' = f(x + a) - b. \tag{3}$$

Legt man nun auf diese Kopie noch einmal denselben Graukeil, um 90° gedreht, dann hat das durch ihn hindurchgegangene und auf die Kopie auffallende Licht die Intensität I'':

$$\log I'' = y + c; \tag{4}$$

das durch Graukeil und Kopie hindurchgegangene Licht hat also die Intensität I''':

$$\log I''' = \log I' + \log I''. \tag{5}$$

Von der durch dieses Licht erzeugten Photographie werden Äquidensiten erzeugt. Diese Äquidensiten stellen Kurven konstanter Schwärzung auf jener Photographie dar, also damit auch Kurven von konstantem I''':

$$\log I''' = d. \tag{6}$$

(6) ist die Gleichung einer solchen Äquidensite. Denkt man sich (3) und (4) in (5), und dieses dann in (6) eingesetzt, ergibt sich:

$$-f(x + a) - b + y + c = d,$$

das heißt mit

$$-b + c - d = e:$$

$$y + e = f(x + a).$$

Nach Parallelverschiebung des Achsenkreuzes lautet diese Äquidensitengleichung:

$$y = f(x).$$

Dies ist aber die Form (1), entspricht also der Gleichung der Schwärzungskurve. Verwendet man in x- und y-Richtung nicht den gleichen, sondern verschiedene Graukeile, kann man dadurch den Ordinaten- gegenüber dem Abszissenmaßstab gleichmäßig dehnen bzw. strecken.

Bild 51 zeigt einen Teil einer solchen Schwärzungskurve, welcher nach dem geschilderten Verfahren erhalten wurde und $^3/_4$ Zehnerpotenzen von I im unteren Bereich der Kurve umfaßt.

Die Äquidensite wurde in diesem Falle nach dem Streulichtverfahren erhalten. Im folgenden Abschn. 3a werden die Schwärzungskurven nach dem SABATTIER-Verfahren, im übrigen jedoch ebenso erhalten, wie oben dargelegt.

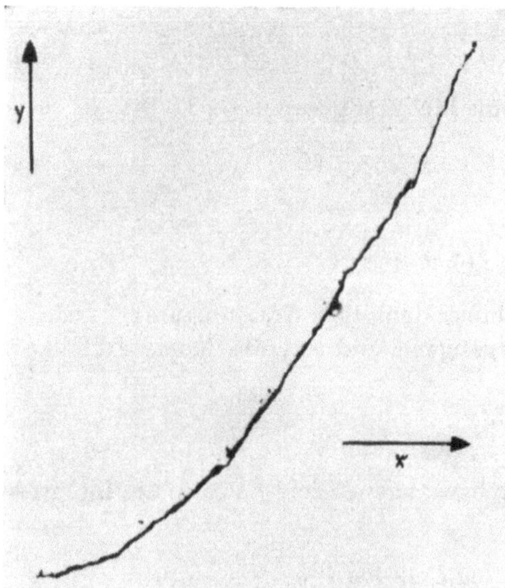

Bild 51. Teil einer Schwärzungskurve, auf äquidensitographischem Wege erhalten (nach SCHULZ)

Bei Verwendung eines geeichten Graukeils ist auch der betreffende Kurvenmaßstab bekannt. Der Wert $S = 0$ ist ebenfalls leicht zu ermitteln. Kennt man überdies noch den absoluten Wert der Intensität bei der Belichtung, liegt damit auch der Abstand der Schwärzungskurve von der S-Achse fest.

In diesem behandelten Fall wurde die Lösung durch die Umwandlung eines eindimensionalen Problems in ein zweidimensionales erzielt. Es gibt eine Fülle von Problemen, bei denen dieses Vorgehen nicht nötig ist, z. B. in der Beleuchtungstechnik, wo man Isophotensysteme zur Charakteristik einer Leuchte zu erhalten sucht. Diese Isophoten lassen sich zweifellos durch Äquidensiten weitgehend ermitteln, ähnliches gilt auch für Gesichtsfeldausleuchtung von optischen Geräten.

3. Spektralanalyse

a) *Kritische Untersuchungen über die dioptrisch-photographischen Verfahren*

Ausgehend von den bisherigen Überlegungen wurde erwogen, die Photometrie mittels dioptrisch-photographischer Äquidensiten für die quantitative Spektralanalyse anzuwenden [19]. Hierfür sind jedoch gewisse Vorbereitungen notwendig. In der Spektroskopie benötigt man nämlich im allgemeinen nicht eine zweidimensionale Analyse der Schwärzungen, sondern lediglich eine Registrierkurve in einer einzigen Richtung. Will man das Äquidensitenverfahren für die Zwecke der Spektralphotometrie anwenden, so muß man die Intensitäten einer Linie zunächst in ein zweidimensionales Bild verwandeln. Dies geschieht in Anlehnung an ältere Verfahren, z. B. so, daß man das Spektrum in Richtung der Spalthöhe in einem Vergrößerungsapparat durch eine Zylinderlinse auseinanderzieht und dann auf das Bild einen Graukeil legt [41]. Derartige Bilder können mit Äquidensiten durchzogen werden, und man erhält dann Kurven (z. B. Bild 52a), die für viele Zwecke dasselbe leisten wie eine Registrierkurve; das Bild 52b enthält die Äquidensiten 2. Ordnung, die den üblichen Registrierkurven weitgehend ähnlich sind, jedoch durch den logarithmisch abfallenden Graukeil bereits eine quantitative Übersicht geben. Man kann aber auch, wie im vorigen Abschnitt gezeigt werden konnte, die Schwärzungskurven

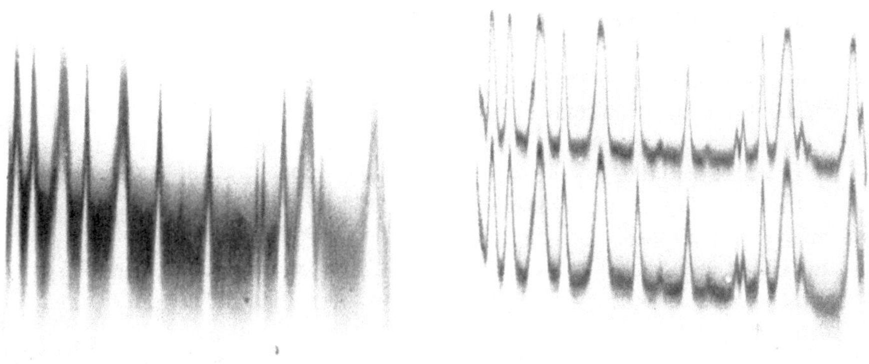

a) b)

Bild 52. Verwandlung der Spektralintensitäten in ein zweidimensionales Bild.
a) Äquidensiten 1. Stufe b) Äquidensiten 2. Stufe

gleichzeitig äquidensitometrisch auf der Platte gewinnen und eine quantitative Auswertung auf diese Art ermöglichen. G. SCHULZ hat Versuche in dieser Richtung durchgeführt, deren Ergebnisse im folgenden mitgeteilt werden. Die Untersuchungen wurden mit besonderer Sorgfalt durchgeführt, weil gleichzeitig kritische Gesichtspunkte für die allgemeine Anwendung des Äquidensitenverfahrens gewonnen werden sollten.

Eine Platte *A* („Spektral blau rapid") wurde im Spektrographen Qu 24 mit dem Spektrum einer Quecksilberhöchstdrucklampe (HBO 200) belichtet, und zwar im Bereich etwa zwischen 335 und 390 mμ. Auf dieselbe Platte wurde vor dem Entwickeln ein Graukeil mit gefiltertem Licht kopiert, und zwar zur Kompensierung von Fehlern symmetrisch zu beiden Seiten des Spektrums. Das Ergebnis zeigt Bild 53a (die Zahlen auf der Skala geben $\mu/100$ an). Ferner wurde ein Graukeil *B* hergestellt, indem eine Linealkante durch Projektion mit einer flächenhaften Lichtquelle auf eine photographische Platte abgebildet wurde; die Lichtquelle wurde so ausgebildet, daß angenähert logarithmischer Intensitätsverlauf auf der Platte entsteht. Diese Platte wurde im Kontaktverfahren hart kopiert, um den notwendigen Gradienten zu erhalten. Diese Kopie ist der weiterhin verwendete Graukeil *B*, der nun quer über die Platte *A* gelegt wurde. Dazu war vorher noch notwendig, das Spaltbild gesondert mit Äquidensiten zu untersuchen, um einen intensitätskonstanten Bereich des Spaltes auszuwählen. Eine derartige Kontrolluntersuchung dürfte zweckmäßig sein, um in den Spalt hineingekommene Staubteilchen zu erkennen, welche hier, im Gegensatz zu einer Ausmessung im Schnellphotometer, das Ergebnis stark verfälschen. Erfahrungsgemäß kann jedoch eine Spaltreinigung, die kurz vorher mit Äther und Pinsel durchgeführt wird, eine ziemliche Sicherheit vor solchen Fehlern gewährleisten. Jener intensitätskonstante Bereich des Spaltes mußte dann durch Parallelverschiebung von *A* und *B* gegeneinander in den angenähert logarithmischen Teil des Graukeils gebracht werden. Von *A* und *B* zusammen wurde dann eine Serie von Kontaktkopien mit verschiedenen Belichtungen hergestellt, aus denen diejenige (*C*) weiter verwendet wurde, deren Äquidensite überall innerhalb des intensitätskonstanten Bereichs des Spaltes verläuft. Diese Kontaktkopie *C* wurde erneut hart kopiert und als Ergebnis eine Platte *D* erhalten, die in einem normalen Vergrößerungsapparat auf eine Platte *E* vergrößert wurde, und zwar unter Schrägstellung von *E*. Diese Schrägstellung bewirkt eine eindimensionale Verzerrung (siehe auch Abschn. V, 5) und erschien notwendig, um die Höhe zur Länge der zu gewinnenden Kurve in ein tragbares Verhältnis zu bringen. Von *E* wurden Äquidensiten auf der Platte *F* erzeugt. Die Vergrößerung von *F* zeigt Bild 53b.

In einem zweiten Arbeitsgang wurde noch einmal zur Kontrolle von *C* ausgegangen und diese Platte in einem von F. HODAM erstellten Spezial-Vergrößerungsapparat (mit konstanter Ausleuchtung) sogleich vergrößert (Platte *D'*). Von *D'* wurden Äquidensiten auf der Platte *E'* erzeugt. Die Vergrößerung von *E'* zeigt Bild 54, wobei nur ein Teil der Kurve von Bild 53 wiedergegeben wird.

Die Platte *A* wurde nunmehr zum Vergleich im Schnellphotometer ausgemessen, und zwar die Umgebung von $\lambda = 365$ mμ und die flankierenden Graukeilkopien (Bild 55). Der Vergleich mit Bild 53 und 55 zeigt folgendes: Auf Bild 53b liegt das Minimum bei 365 mμ gegenüber dem Maximum bei 369 mμ viel zu hoch, auf Bild 54 schon wesentlich besser, aber immer noch etwas zu hoch. In prozentualen Intensitätsfehler umgerechnet heißt dies, daß auf Bild 53 das erwähnte Minimum gegenüber jenem Maximum um 45% zu hoch befunden wird, auf Bild 54 dagegen nur um 15%. Die schmalen Spitzen sind also in beiden Fällen mehr oder weniger „zugewachsen“ (vgl. z. B. auch auf Bild 53 die beiden Maxima bei 365 und 366 mμ mit den entsprechenden auf Bild 55: das spitzere Maximum ist auf Bild 53 bedeutend mehr zugewachsen als das breitere). Die Bestimmung einer „Halbwertsbreite“ auf Bild 54 ergab 7,0 mμ gegenüber der als richtig angenommenen von 5,6 mμ auf Bild 55. Noch weiter dürfte die Gesamtheit der Fehler nicht wesentlich herabdrückbar sein, weil schon die Platte *A* selbst auf Grund der KINDschen Formeln (siehe Abschn. IV, 2) wegen der hohen Schwärzung in den

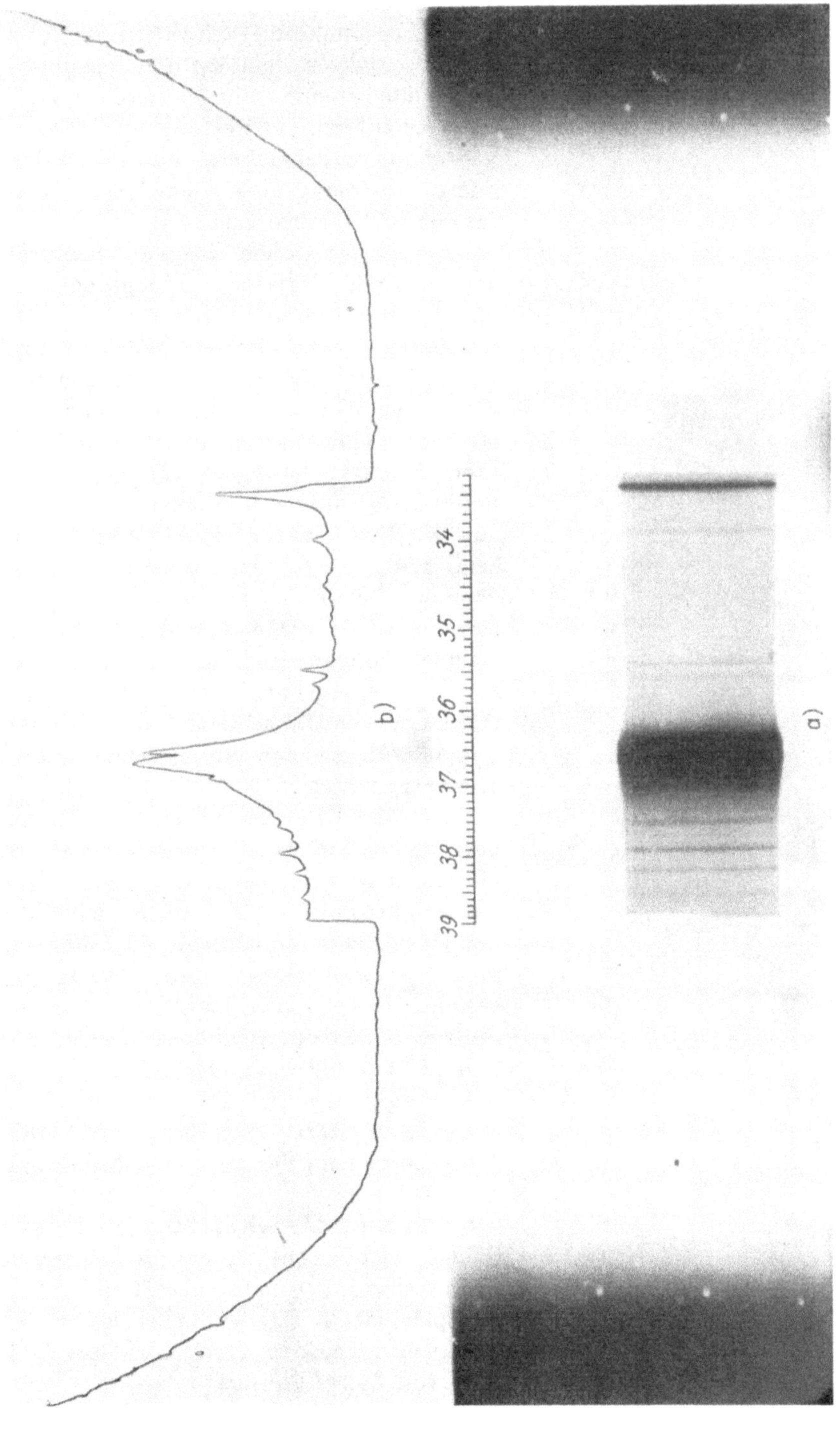

Bild 53 a) Hg-Spektrum (zu beiden Seiten ein Graukeil). b) Intensitätskurve als Äquidensite (zu beiden Seiten die Schwärzungskurve, gewonnen nach dem im vorigen Abschnitt gezeigten Verfahren)

Bild 54. Spektrale Intensitätskurve als Äquidensite (mit Zwischenvergrößerung erhalten)

einzelnen Punkten Schwärzungsschwankungen erwarten ließ, die die Genauigkeit der Äquidensitenmessung allein schon wegen der punktweisen Auswertung beschränken, während beim Schnellphotometer die Fehler infolge Mittelung über einen langen Spalt auf alle Fälle kleiner sind.

Als Fehlerursachen bei der Spektralanalyse mit dioptrisch-photographischen Äquidensiten wären zu nennen: die eben erwähnten statistischen Schwärzungsschwankungen wirken sich bei den Äquidensiten gegenüber der Ausphotometrierung mit Spalt ungünstiger aus, weil die Äquidensiten „Punktabtastungen" vornehmen, das Photometer dagegen über einen langen Spalt mittelt. Jene Ursache ist, da sie im Prinzip liegt, nie zu beseitigen, wohl aber einzudämmen, indem möglichst wenig kopiert bzw. sogleich vergrößert wird. Erwähnt sei noch der ungünstige Umstand, daß man sich notwendigerweise meist weit vom Optimum der Detailwiedergabe befindet, was allerdings auch die normale Photometrie erschwert.

Weiterhin können Streulichteffekte (Lichthof) und nicht exakt punktförmige Abbildungen beim Kopieren bzw. Vergrößern glättend auf den Äquidensitenverlauf wirken und eine Abhängigkeit der Äquidensitenlage vom Schwärzungsgradienten und ein unsystematisches „Zuwachsen" von scharfen Spitzen bewirken. Auch dieser Fehler läßt sich nicht völlig beseitigen, aber dadurch möglichst klein halten, daß im ersten Schritt hinreichend stark vergrößert wird. Dies kann man einem Vergleich von Bild 53 und 54 entnehmen.

Systematische Schwärzungsfälschungen infolge nicht ganz intensitätskonstanter Spaltausleuchtung und kleiner Staubteilchen im Spalt seien noch erwähnt; sie lassen sich eventuell vermeiden durch Zwischenschaltung von Zylinderlinsen.

Kritisch scheint auch die erwähnte eindimensionale Vergrößerung zu sein; diese dürfte einwandfrei, d. h. ohne Verzerrung und intensitätskonstant, wahrscheinlich nur mit Hilfe einer anamorphotischen Spezialanordnung durchführbar sein.

Zusammenfassend läßt sich sagen: Grundsätzlich lassen sich die dioptrisch-photographischen Äquidensiten zur Spektralanalyse (quantitative Auswertung von Spektralaufnahmen) verwenden. Man erhält dann Kurvenverläufe, die im Prinzip wie auf Bild 53 und 54 aussehen; ein Stufenkeil statt eines Graukeils an den Flanken würde dabei die Auswertung noch erleichtern, da das Probieren dann erspart werden kann. Dabei ist jedoch zu bemerken, daß die Genauigkeit aus den erwähnten Gründen unter der beim Ausphotometrieren bleibt.

Der apparative Aufwand zur einwandfreien und leistungsfähigen Durchführung des gesamten Verfahrens ist noch nicht vorhanden. Man benötigt z. B. eine Vergrößerung, die frei von Abbildungsfehlern und Intensitätsgang ist. Was den Intensitätsgang betrifft, so kann dieser auch durch ein experimentell herzustellendes *Intensitätsfilter* kompensiert werden; man läßt das ausgeleuchtete freie Gesichtsfeld auf eine photographische Platte einwirken, die dann direkt als Filter vor den Aufnahmeplatten benutzt werden kann. Voraussetzung ist allerdings die genaue Einhaltung der Plattenlage sowie die Unveränderlichkeit der Justierung von Lampe, Kondensor usw., da das Filter nur für eine bestimmte Justierung im richtigen Sinne wirken kann.

Im allgemeinen dürfte es (wegen der Wellenlängen-Abhängigkeit von Keil und Spektralplatte) empfehlenswert sein, nur einen kleineren Spektralbereich auf einmal auszuwerten. Der Zeitaufwand ist beim Äquidensitenverfahren im allgemeinen größer als bei einer direkten Ausphotometrierung der Spektralplatte, da die Wartezeiten zwischen Fixieren, Wässern usw. in Kauf zu nehmen sind. Bei wesentlich „breiteren“ oder regelmäßigeren Kurven dagegen, die nicht derartige „scharfe Spitzen“ wie Spektrallinienkurven aufweisen (etwa Durchlässigkeitskurven von Metallinterferenzfiltern), liegen die Verhältnisse z. T. wesentlich günstiger, und hier könnte sich unter Umständen eine vorteilhafte Anwendungsmöglichkeit ergeben.

Die Ergebnisse dieser geschilderten Versuche, die *zweidimensionale* Äquidensitometrie auf die Spektrophotometrie anzuwenden, sind nicht sehr befriedigend. Der Hauptgrund liegt darin, daß hier ein typisch *eindimensionales* photometrisches Problem vorliegt. Die Transformation in das Zweidimensionale bringt die eingehend geschilderten Schwierigkeiten mit sich. Ferner bietet die Spektralphotometrie besonders schwierige Aufgaben, weil es sich bei den Spektrallinien um extrem steile Intensitätsverläufe handelt. Die Behandlung erfolgte trotzdem etwas ausführlicher, weil sich hierbei eine Fehlerquellendiskussion ergab, die das „Zuwachsen“ von Details (in diesem Fall sehr feiner Linien) durch das Umkopieren besonders klar aufzeigt. Es muß also auf alle Fälle bei detailreichen Bildern schon im ersten Schritt genügend stark vergrößert werden. Weiterhin zeigt sich, daß das Züchten extrem scharfer Äquidensiten in diesem Falle schädlich ist, da hierfür ein mehrfaches Umkopieren

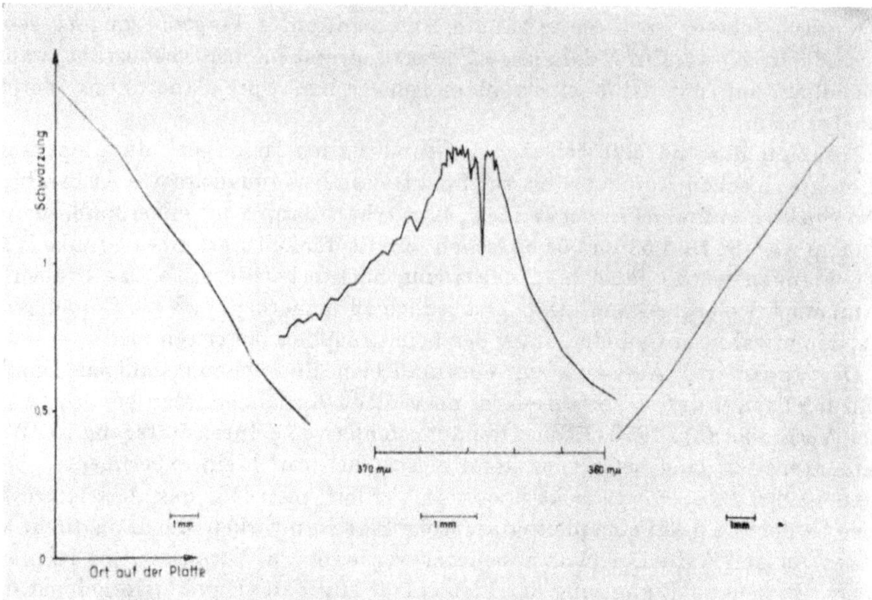

Bild 55. Meßergebnisse am Schnellphotometer

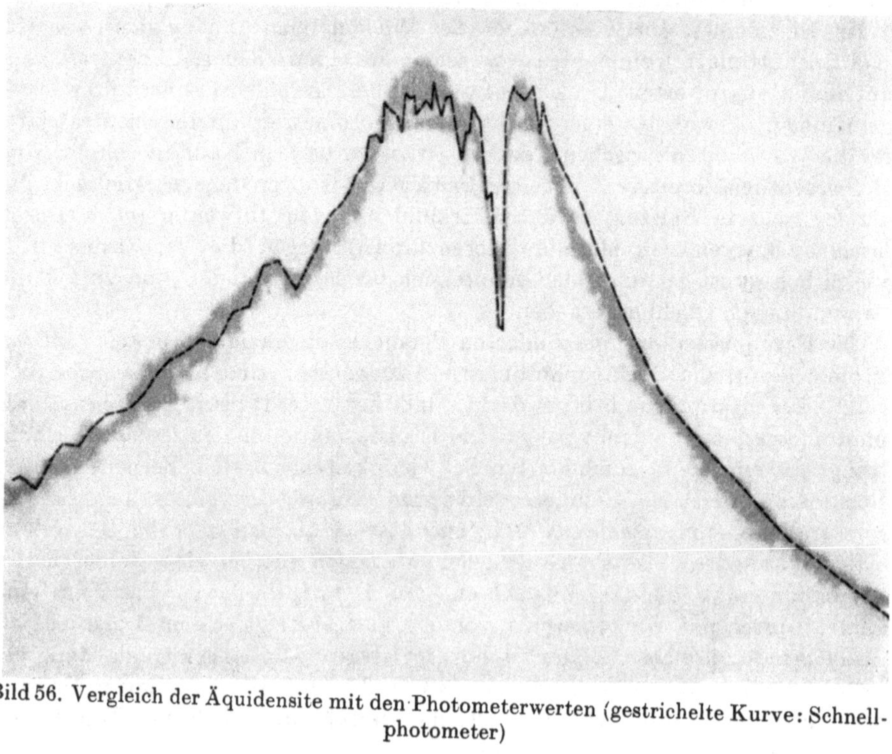

Bild 56. Vergleich der Äquidensite mit den Photometerwerten (gestrichelte Kurve: Schnellphotometer)

erforderlich ist. Begnügt man sich bei der Vergrößerung mit einer breiten Äquidensite, so erhält man vielleicht befriedigendere Ergebnisse, wie Bild 56 zeigt. Hierbei kommt nämlich eine größere Spalthöhe zur Wirkung, und die statistischen Schwankungen sind besser erkennbar.

Bessere Ergebnisse lassen sich ferner erwarten, wenn man gleich bei der Originalaufnahme entweder das Spektrum in stufenweisen Intensitäten aufnimmt oder aber in Richtung des Spaltes einen Graukeil anbringt. Diese Platten lassen sich dann ohne weiteres durch Äquidensiten auswerten, welche in das Optimum der Detailwiedergabe gelegt werden können. Würde man ein solches Verfahren wirklich durchbilden, erhielte man *Kurvenzüge gleicher Intensität.* Der Einfluß des SCHWARZSCHILD-Exponenten, der den üblichen Schwärzungsverlauf beeinflußt und unter Umständen sehr verfälscht, entfällt dann.

b) Spektralphotometrie mittels Schwärzungsplastik - Verfahren

Da die Spektralphotometrie eine eindimensionale, in einer Richtung gehende Photometrie verlangt, eignet sich hierfür das Schwärzungsplastik-Verfahren im schrägen Profilschnitt (Abschn. II, B). Bild 57a zeigt den vergrößerten Ausschnitt aus einer Spektralaufnahme (Gerät: Qu 24, ZEISS-Jena); die photographische Schicht der Originalplatte wurde in diesem Ausschnitt mit dem Interferenzmikroskop in der Weise photographiert, daß schräge Profilschnitte vom Abstand $\lambda/2$ (ca. 0,27 μ) durch die Schwärzungsplastik gelegt wurden (Bild 57b). Da bereits gezeigt wurde, daß diese Interferenzkurven als Verlauf der Schwärzung aufgefaßt werden können, erhält man aus jeder Kurve dieser Kurvenschar direkt die Schwärzung; man benötigt lediglich eine Eichung, d. h. eine Zuordnung der Interferenzordnungen zu den Schwärzungswerten. Bild 57c zeigt eine Meßkurve, wie sie am Schnellphotometer von den beiden mittleren Liniengruppen erhalten wurde. Man sieht, daß jede Einzelheit bereits aus den Interferenzlinien zu entnehmen ist. Ob die Genauigkeit der Photometer ($\pm$ 0,01 S) mit dem Verfahren erreicht werden kann, hängt von verschiedenen Umständen ab, insbesondere, wie glatt die Gelatineschicht nach dem Trocknen erhalten wird und wie weit die Gelatineschicht der Schwärzung wirklich folgt. Es ist dann in Einzelfällen möglich, die erhaltenen Interferenzlinien mit photographischen Äquidensiten (nach dem SABATTIER-Verfahren) weiter auszuwerten. Über diese Fragen sind bereits eingehende Untersuchungen im Gange.

Auf alle Fälle scheinen für das Photometrieren der Spektralplatten mittels des Schwärzungsplastik-Verfahrens folgende Vorteile zu sprechen: schneller Überblick über die Intensitätsverteilung im Spektrum, relative und absolute Ausmeßmöglichkeiten mit vielfach hinreichender Genauigkeit und vor allem Überbrückung eines extrem großen Schwärzungsbereiches (bis zur Schwärzung $S = 4$), wodurch die üblichen Aufnahmeserien mit verschiedenen Belichtungszeiten wegfallen können.

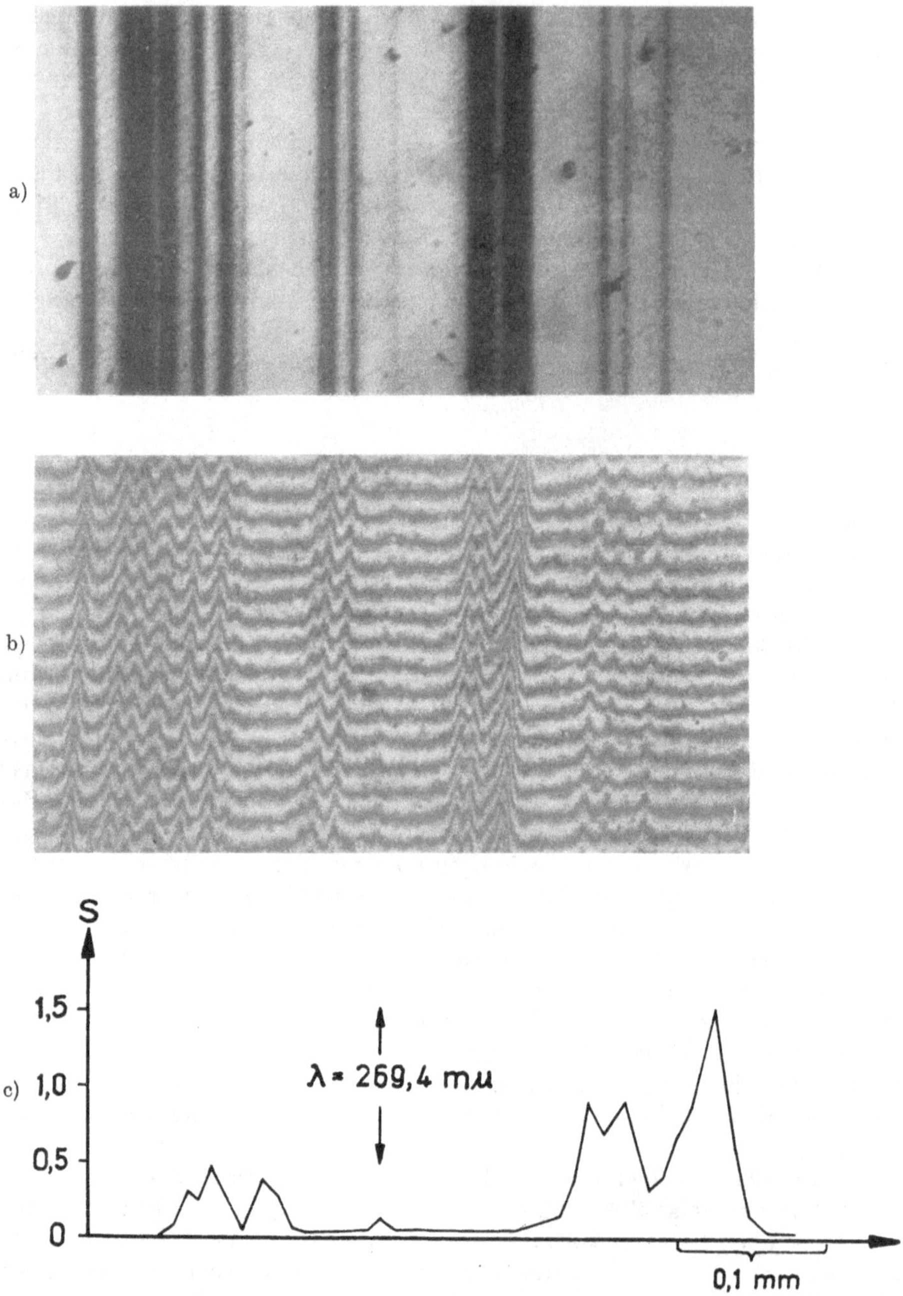

Bild 57. Spektralphotometrie mit Schwärzungsplastikverfahren. a) Ausschnitt aus einer Spektralplatte (Zeiss Qu 24). b) Auswertung der Platte mittels Schwärzungsplastik-Verfahren. c) Kurve aus Meßwerten des Schnellphotometers

4. Auswertung von Interferogrammen

a) *Oberflächeninterferogramme*

Die Anwendung des Äquidensitenverfahrens auf die Oberflächenprüfung ergibt sich speziell bei der Auswertung von Oberflächeninterferogrammen; dies ist bereits bei der Darlegung der Grundlagen (insbesondere in Abschn. II, 1) an einigen Beispielen deutlich geworden [3, 20, 31]. Das grundlegende Problem der Verbesserung der Auswertung von Zweistrahlinterferenzen war, wie eingangs des Abschn. I erwähnt, überhaupt der Anstoß für die Entwicklung der Äquidensitometrie.

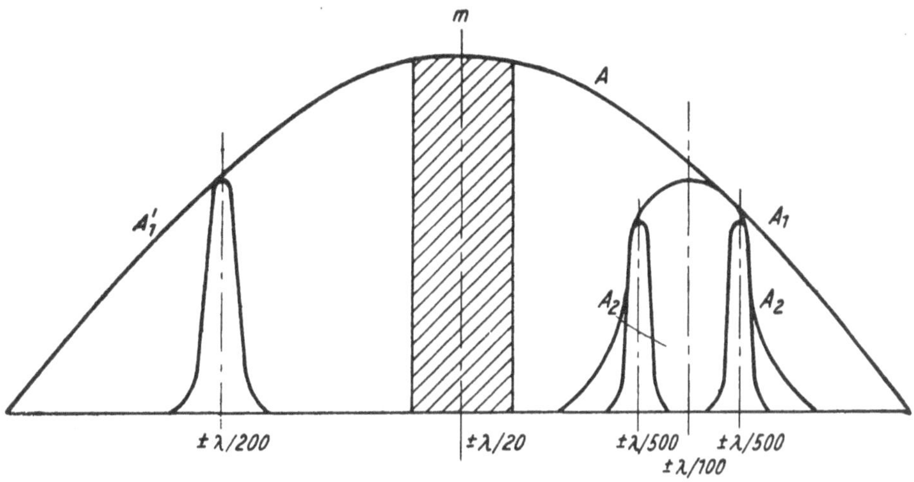

Bild 58. Meßgenauigkeit bei Interferogrammen

Welche Genauigkeit in der Ausmessung von Profilen bzw. Niveauunterschieden, mittlerer Rauhigkeit u. dgl. erreicht werden kann, richtet sich zunächst nach der Originalaufnahme. Die Aufnahme sei daher möglichst kontrastreich, damit die Lokalisierung des Maximums sicher auf $^1/_{10}$ Streifenabstand genau, also $\lambda/20$, erfolgen kann. Die geeigneten apparativen Maßnahmen zur Erzielung hinreichenden Kontrastes sind u. a. von RÄNTSCH [22] angegeben worden und sollen hier nicht beschrieben werden. Es ist nämlich möglich, durch Umkopieren auf hartes Photomaterial den Kontrast auf das gewünschte Maß zu steigern; meistens erreicht man damit bereits eine Meßgenauigkeit von $\lambda/60$. Die Äquidensitometrie gestattet nun eine Steigerung dieser Meßgenauigkeiten, da die Äquidensiten ebenso als Niveaulinien betrachtet werden können wie die Interferenzstreifen, aus denen sie gewonnen werden. Normalerweise erreicht man von einer Äquidensitenordnung zur nächsten eine Genauigkeitssteigerung um etwa eine halbe Größenordnung, bis die Grenze des photographischen Auflösungsvermögens erreicht ist. Das Maximum in der Kurve A (Bild 58), die den Intensitätsverlauf eines Zweistrahlinterferenzstreifens darstellen soll, liege auf $\pm\ \lambda/20$

fest. Man erhält dann eine Äquidensite 1. Stufe A_1, die mit $\pm \lambda/100$ lokalisiert ist; die 2. Stufe A_2, die vier Kurven für einen Streifen liefert, liegt dann bereits mit etwa $\lambda/500$ fest, was im Profil einem Niveauunterschied von etwa 10 Å entspricht. Dies sind natürlich nur Anhaltspunkte; wie aus Abschnitt II, 4 hervorgeht, hat man es durch Wahl des Plattenmaterials (γ-Wert) in der Hand, die Äquidensiten in beliebiger Steilheit zu erhalten. In unserem Beispiel könnte die Äquidensite A_1' mit $\pm\lambda/200$ gleich als erste Stufe erhalten werden. Hierbei entsteht die Frage, ob nicht zur besseren Beschreibung des Feldes vier Kurven (A_2) statt zwei (A_1) gewonnen werden sollen; dann ist es nach früheren Darlegungen (siehe II, 4) besser, die Äquidensiten A_1 von vornherein breiter zu machen. Soll eine scharfe Äquidensite A_1' erhalten werden, dann geht man zweckmäßig von hart umkopierten Platten aus, bei denen die Meßgenauigkeit von $\pm \lambda/60$ leicht zu erreichen ist; die Äquidensite 1. Stufe A_1' liefert dann eine Meßgenauigkeit von $\pm \lambda/200$. Diese erstaunlichen Genauigkeiten erklären sich daraus, daß die Äquidensiten vorwiegend an den Flanken des Intensitätsgebirges der Interferenzen liegen; die Kurven sind dort infolge des hohen Intensitätsgradienten besonders lageempfindlich.

Hierfür sei ein praktisches Beispiel gebracht. Bild 59 und 60 zeigen Mikrointerferenzaufnahmen zweier Endmaße verschiedener Fabrikation; es ist zwar gut erkennbar, daß im Bild 60 geringere Oberflächenrauhigkeit vorliegt als im Bild 59. Eine quantitative Auswertung beider Bilder ist jedoch ausgeschlossen, da die Rauhigkeit beider Endmaße offenbar weit unter 0,03 μ liegt. Die entsprechenden Äquidensitenbilder (Bild 61 und 62) lassen hingegen eine eindeutige Ausmessung zu und ergeben für das bessere Endmaß eine mittlere Rauhigkeit von etwa 50 Å, für das schlechtere eine solche von etwa 100 Å.

Diese Bilder zeigen, daß man z. B. auch den Polierprozeß hochwertiger Flächen in seinen einzelnen Stadien kontrollieren kann, wobei wesentlich ist, daß man zu quantitativen Werten gelangt, die mit anderen Verfahren nicht auf so einfache Art zu erhalten sind. Hierbei scheint außerdem bemerkenswert, daß, wie schon früher erwähnt, die Oberfläche durch eine größere Zahl von Kurven beschrieben wird als beim normalen Zwei- oder Mehrstrahlinterferogramm. Bei den Mehrstrahlinterferenzen, die Meßgenauigkeiten in der gleichen Größenordnung vermitteln, ist der Informationsgehalt sehr weitgehend von der Oberflächengestalt abhängig und insbesondere bei gekrümmten Flächen sehr problematisch, wie in Abschn. VII gezeigt wird.

Die Bilder 63 und 64 bringen Beispiele für die Anwendung des Verfahrens bei gekrümmten Flächen, welche auch die Möglichkeit einer *Formprüfung* [21] im Mikrobereich gut erkennen lassen.

b) Sonstige Interferogramme (5)

Nicht nur bei Rauhigkeitsmessungen, Dickenmessungen und Formprüfungen, sondern z. B. auch bei der *Brechzahlbestimmung* werden die Äquidensiten mit

Bild 59. Mikrointerferenzbild eines Endmaßes minderer Qualität

Bild 60. Mikrointerferenzbild einer sehr guten Endmaßoberfläche

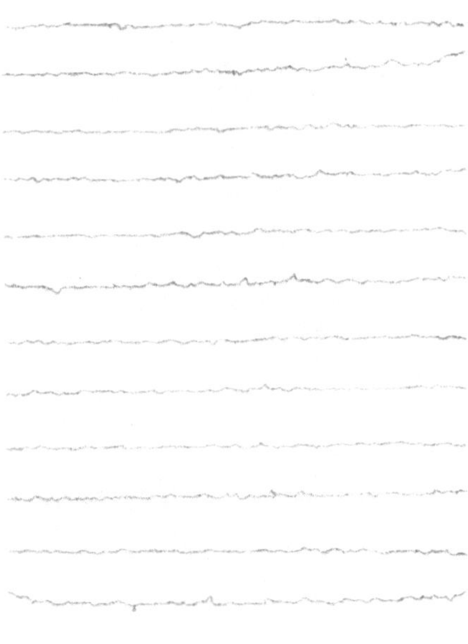

Bild 61. Äquidensiten zu Bild 59

Bild 62. Äquidensiten zu Bild 60

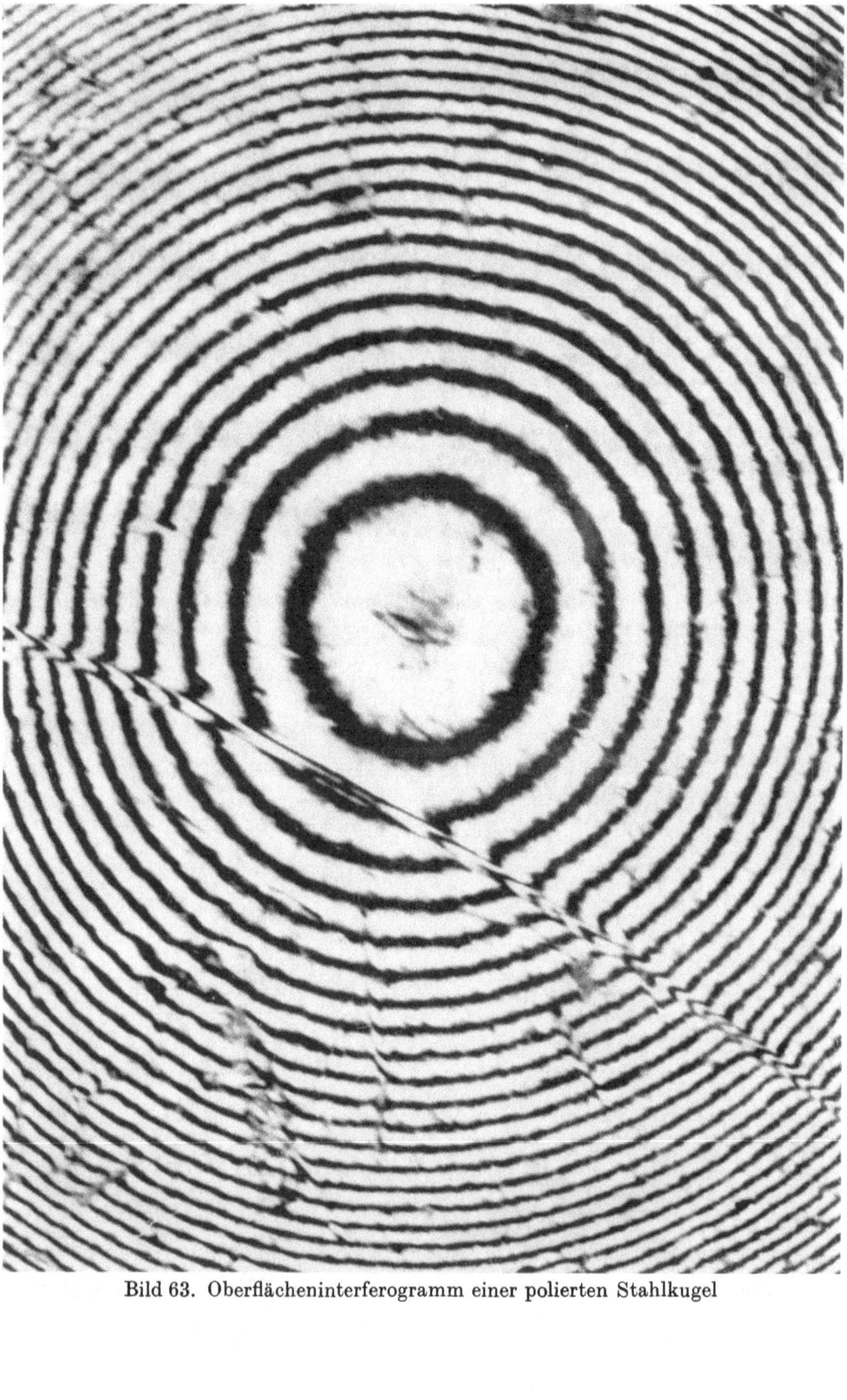

Bild 63. Oberflächeninterferogramm einer polierten Stahlkugel

Bild 64. Äquidensiten zu Bild 63

Erfolg zur Erhöhung der Meßgenauigkeit an Interferenzen verwendet. Die Brechzahlbestimmung nichtplanparalleler dünner kristallinischer Objekte im Interferenzmikroskop nach KRUG und LAU [34] beruht auf folgendem. Da ein Interferenzstreifensystem immer nur die Phase, d. h. eine Kombination der beiden Unbekannten *Dicke* und *Brechzahl* liefert, werden nach G. SCHULZ [24] zwei verschiedene Streifensysteme verwendet, deren Gangunterschiede in verschiedener Weise von Dicke und Brechzahl abhängen; das eine System sind MACH-ZEHNDER-Interferenzen (6), das andere System sind Interferenzen im Kristall (7). Die Justierung erfolgt (mit Hilfe eines überlagerten virtuellen Keils) so, daß diese beiden Streifensysteme sich gegenseitig durchkreuzen. Auszumessen ist nun ein gewisses Verhältnis der örtlichen Änderungen der Ordnungen beider Streifensysteme. Praktisch geschieht das so, daß die Schnittpunkte beider Streifensysteme auf die Senkrechte zur Streifenrichtung jenes virtuellen Keils projiziert werden, wobei dann die Abstände der Schnittpunktprojektionen auszumessen und im Verhältnis zum Streifenabstand jenes Keils zu setzen sind. Die Brechzahl ist dann eine einfache Funktion dieses Verhältnisses. Es kommt also darauf an, die Lage der erwähnten Schnittpunkte sowie Abstand und Richtung der Keilinterferenzstreifen möglichst genau zu ermitteln. Dies geschieht zweckmäßig und am genauesten an den Äquidensiten der betreffenden Aufnahme. Jene Schnittpunkte erscheinen dann von ringförmigen Äquidensiten umgeben, die oft zu kettenartigen Gebilden zusammengewachsen sind. Die Mittelpunkte jener Ringe stellen dann die gesuchten Schnittpunkte dar (Bild 65).

Als weiteres Beispiel für die Anwendung der Äquidensiten sei das *Zwei-Seiten-Verfahren* nach G. SCHULZ [23] angeführt; es handelt sich um ein Verfahren, das mit Hilfe von Zweistrahlinterferenzen die Dicke und räumliche Gestalt dünner (insbesondere mikroskopischer) Objekte zu messen gestattet. Die Interferenzen werden als Auflichtinterferenzen gleicher Dicke nacheinander auf beiden Seiten der Objektoberfläche erzeugt. Die Erzeugung geschieht in einer etwas modifizierten MICHELSON-Schaltung; hierbei ist der eine der beiden ebenen Spiegel durch das Objekt ersetzt, das, zusammen mit einem unmittelbar neben ihm befindlichen ebenen *Normal der Dicke Null*, angenähert senkrecht zur optischen Achse steht. Dieses Normal der Dicke Null ist realisiert durch Aneinandersprengung zweier sich teilweise überdeckender Glasplatten geeigneter Form. Es definiert eine Ebene E, die (während der Messung) mit dem Objekt einen in sich festen Komplex K bildet, der jedoch als Ganzes so gedreht werden kann, daß das Licht nacheinander von jeder der beiden Seiten von K reflektiert werden kann.

Nach vorangegangener (hier nicht näher beschriebener) Dickenmessung in dieser Schaltung kann man ein Bild der gesamten räumlichen Gestalt des Objektes erhalten, und zwar auf folgendem Wege, der unter anderem die Erzeugung von Äquidensiten voraussetzt. Man justiert die Referenzebene (Bild des Spiegels im Objektraum) parallel zu E und photographiert die Interferenzen, die dabei zwischen Referenzebene und „Vorderseite“ der Objektoberfläche entstehen. Dann dreht man K um 180°, justiert die Referenzebene wieder parallel zu E und photographiert erneut. Diese zweite Aufnahme zeigt dann die Interferenzen, die zwischen der Referenzebene und der anderen Objektoberfläche entstehen. Von beiden Aufnahmen werden nun Äquidensiten-Platten erzeugt, die sodann, Schicht auf Schicht, so übereinandergelegt werden, daß entsprechende Stellen von Vorder- und Rückseite des Objekts sich decken. In diesem Zustand werden sie erneut abgebildet, wodurch man eine *Zwei-Seiten-*

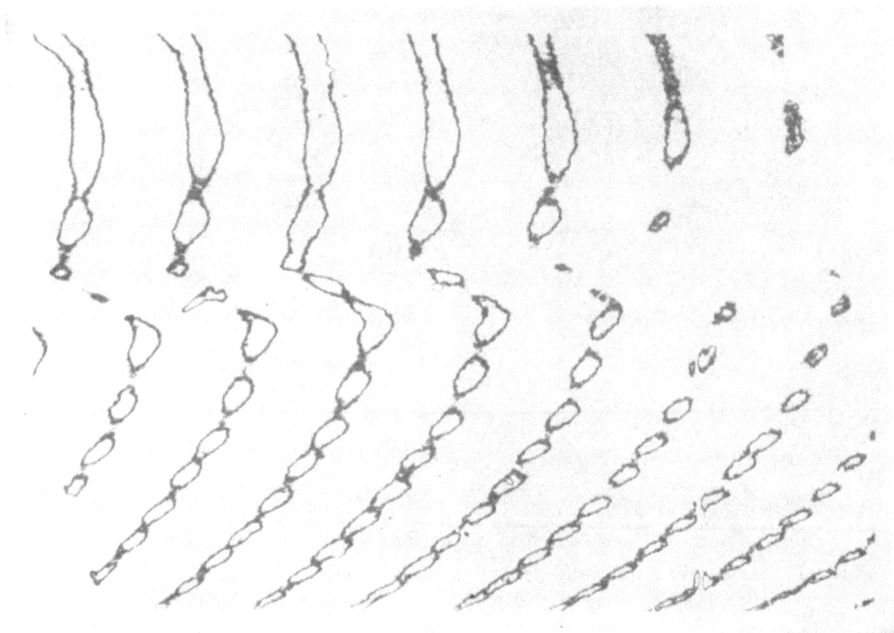

Bild 65
Brechzahlbestimmung am CdS-Kristall mittels Interferenzmikroskop

Aufnahme erhält (Bild 66). Auf dieser entspricht jeder Äquidensite der Vorderseite ein bestimmter Abstand von E und jeder Äquidensite der Rückseite desgleichen. Denkt man sich diesen Abstand an jede Äquidensite angeschrieben, kann man in jedem Punkt die Dicke als Summe beider Abstände ablesen. Darüber hinaus vermittelt diese Aufnahme ein Bild der gesamten räumlichen Gestalt des Objekts; es handelt sich hier um ein CdS-Kristall.

Hier ist also die Erzeugung von Äquidensiten unbedingt notwendig; denn die Zweistrahlinterferenzstreifen sind zu breit, als daß man nach Übereinanderdeckung zweier solcher Platten noch genügend deutlich beide Interferenzstreifensysteme erkennen könnte.

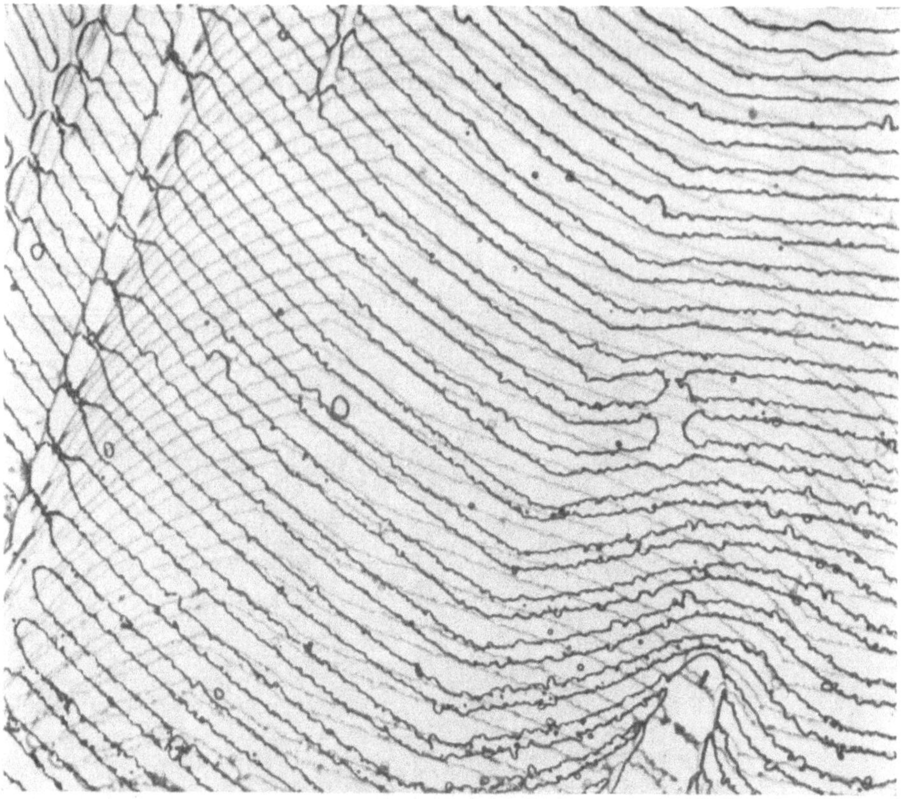

Bild 66. Dickenmessung am CdS-Kristall mittels *Zwei-Seiten-Verfahren* (nach SCHULZ). (Das eine Äquidensitensystem wurde abgeschwächt)

5. Bildanalyse

a) *Allgemeines*

Ein großer Teil aller experimentellen und technischen Arbeiten endet in der Herstellung eines Bildes. Man überläßt es im allgemeinen der Wahrnehmung durch das Auge, zu erkennen, was auf dem Bilde dargeboten wird. Es ist jedoch keineswegs richtig, wenn man annimmt, daß das Auge ohne weiteres den Informationsgehalt des Bildes ausschöpft [38].

Im folgenden wird über Bildanalyse in dem Sinne gesprochen, daß Verfahren angegeben werden, die es gestatten, den Informationsgehalt eines Bildes möglichst vollständig zu erfassen.

Im allgemeinen begnügt sich der technische Physiker oder der Biologe bei der Herstellung eines Bildes mit Überlegungen in dem Sinne, daß Bildpunkt und Gegenstandspunkt einander möglichst entsprechen. Hinzu kommt noch als äußerst wichtiger Gesichtspunkt die Gedankengruppe über die Auflösung der abbildenden Systeme. Wenn Details einen Abstand haben, die kleiner sind als eine halbe Wellenlänge des verwendeten Lichtes oder des Elektronenstrahles, ist ein Erkennen von Einzelheiten vollkommen unmöglich, insbesondere, wenn viele Details mit kleinstem Abstand zusammenwirken. Diese Details werden durch Beugungserscheinungen verdeckt, wie etwa ein Ruinenfeld im Wüstensand. Um nun Bilder zu schaffen, die noch alles zu erkennen ermöglichen, wählt man meistens Vergrößerungen, bei denen eben noch aufgelöste Einzelheiten etwa $^1/_2$ mm voneinander entfernt sind. Mit dieser Regel der noch nutzbaren Vergrößerung ermöglicht man jedoch keineswegs dem Auge, das Bild auszuschöpfen.

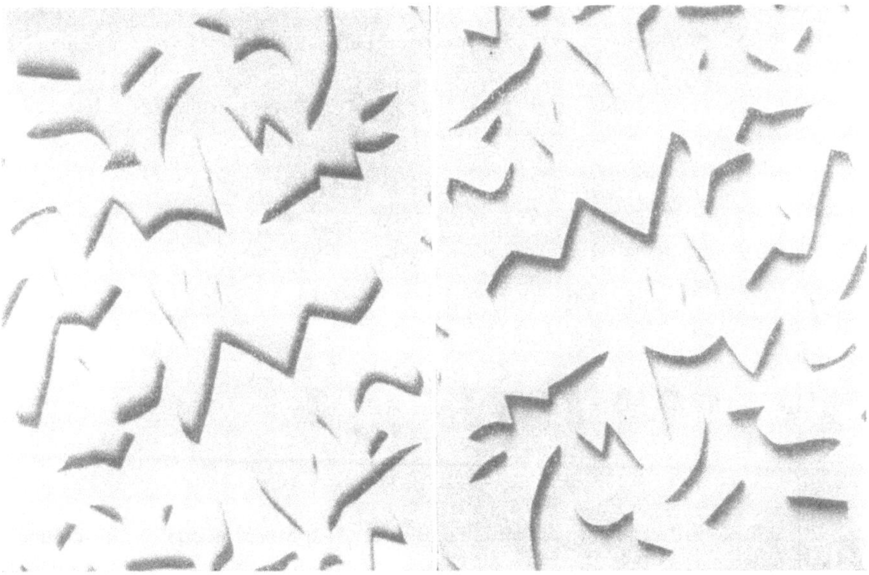

Bild 67. Ein Laubsägemuster in verschiedener Darbietung (nach LAUENSTEIN)

Es gibt noch andere Schwellenwerte, z. B. die Nonius-Schwelle, die wesentlich kleiner ist. Es genügt also nicht, wenn man sich bei der Bildvergrößerung auf diese nutzbare Vergrößerung beschränkt.

Zunächst einmal einige Ausführungen darüber, daß die Wahrnehmung die Bilder nicht ausschöpft oder sogar den Bildinhalt verfälscht. Aus der Vielfalt der Bildelemente muß die Wahrnehmung eine Kombination herausfinden, die ein Erkennen des Gegenstandes ermöglicht. Hier arbeitet unser Wahrnehmungssystem ähnlich wie ein Elektronengehirn etwa zur Lösung von Schachspielaufgaben, wobei gewisse vereinfachende Regeln eingeführt werden, weil sonst jeder Schritt eine unendliche Mannigfaltigkeit von Lösungsmöglichkeiten ergeben würde. Bei der Wahrnehmung können so eine Fülle von Möglichkeiten der Bilddeutung entfallen. Es sei erinnert, daß z. B. der Zauberer durch geschickte Manipulationen Vorgänge dem Auge verheimlicht, die an sich durchaus erkennbar wären.

Bild 67 zeigt zunächst eine Figur von LAUENSTEIN[25], bei der man eine vereinfachende Regel der Wahrnehmung sehr deutlich erkennen kann. Man sieht dieselbe Figur zweimal nebeneinander, jedoch einmal um 180° gedreht, und glaubt, einmal eine Art Kuchen auf einer Unterlage aufgelegt zu sehen, auf dem anderen Bild jedoch ein Laubsägemuster. Dreht man dieses Bild um 180°, so erkennt man, daß nunmehr dasjenige Bild, das vorher als Laubsägemuster erschien, die Kuchenform hat und umgekehrt. In der Wahrnehmung wird in diesem Falle angenommen, und das ist eine solche vereinfachende Annahme,

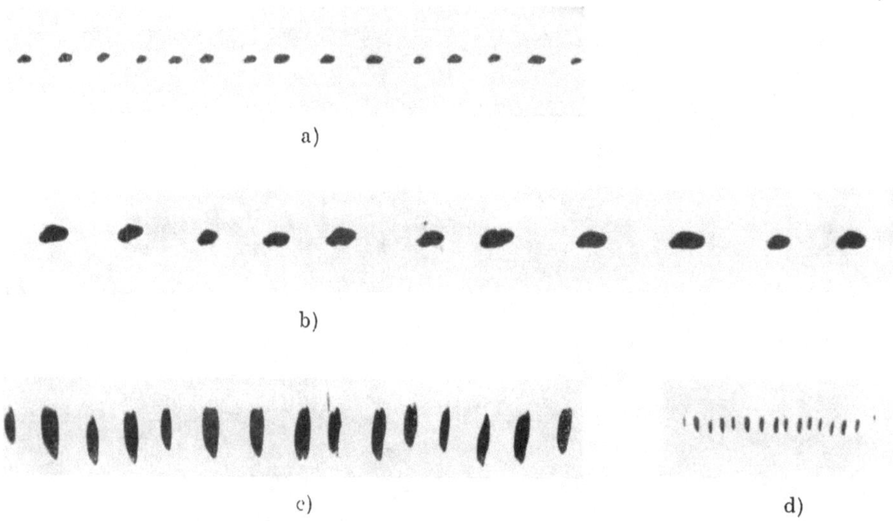

Bild 68. Eine Punktreihe a) bei eindimensionaler Vergrößerung oder Schrumpfung

daß auf dem Bilde eine einheitliche Beleuchtung von oben bzw. von vorne vorliegt. BRÜCHE und POPPA[37] haben kürzlich ähnliche Figuren mit dem Elektronenmikroskop an Glasoberflächen erhalten, bei denen auch die Plastik in dem Bilde sich je nach der Bildlage verändert.

Bild 68 gibt eine Punktreihe, die willkürlich gezeichnet ist (*a*). Es besteht die Tendenz, diese Punktreihe in einer Geraden angeordnet zu sehen. Diese Tendenz bleibt auch bestehen, wenn man, wie unter *b*, die Punktreihe stärker vergrößert. Man sieht dann Einzelheiten an den Punkten besser, aber sie scheinen trotzdem in einer Linie zu liegen. Führt man dagegen eine eindimensionale Streckung des Bildes ein, dann erkennt man sofort die Unregelmäßigkeiten der Lage der Punkte (*c*). In diesem Fall ist es gleichgültig, ob man die eindimensionale Streckung (*c*) quer zu der scheinbaren Linie einführt oder eine eindimensionale Schrumpfung (*d*) in der Richtung der Linie. Der letztere Fall wird in der Praxis vielfach verwendet, wenn man die Geradheit einer Kante durch Visieren feststellen will.

Als Beispiel dafür, daß es dem Auge unmöglich ist, eine Linie gleicher Schwärzung auf einem Objekt wahrzunehmen, sei auf die Photographie des von der Seite beleuchteten Kegels (Bild 1 auf S. 2) hingewiesen, auf dem die Kurven gleicher Schwärzung auf einer Geraden liegen. Das Auge sieht jedoch, durch

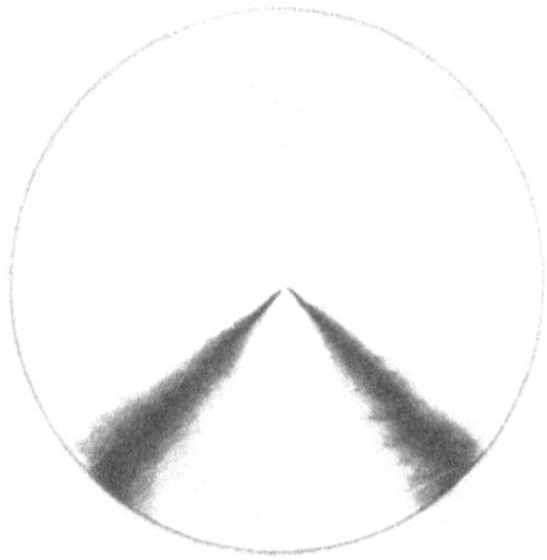

a) Erste Stufe

b) Zweite Stufe

Bild 69. Äquidensiten zur Kegelaufnahme Bild 1

Kontrasterscheinungen beeinflußt, diese Kurven gleicher Schwärzung gekrümmt. Bei dieser Gelegenheit scheint es nützlich, das Äquidensitenbild zu dieser Kegelaufnahme nachzuholen (Bild 69a). Die nach außen zunehmende Breite der Äquidensite erklärt sich aus dem Gang des Gradienten (siehe Abschn. IV, 1b) und läßt die Anwendung einer 2. Stufe gegeben erscheinen (Bild 69b).

b) Technische Mikrophotos

Die eben betrachteten Tatsachen haben zu einigen Vorschlägen geführt, die es dem Auge erleichtern, mindestens einen Teil der Fehler zu vermeiden und den Informationsgehalt auf diese Weise stärker auszuschöpfen. In Bild 70 sieht man zwei Mikrophotographien von Strichen eines Objekt-Mikrometers. Die Striche sind etwa 1 μ dick. Auf einer Aufnahme (*b*) ist die eine Dimension gestreckt. Man erkennt die Unregelmäßigkeiten der Striche aufs deutlichste. Besonders angebracht dürfte es sein, diese Bilder mit Äquidensiten zu versehen (Bild 71). Die in einer Dimension gestreckten Aufnahmen sind so gewonnen, daß die photographische Platte in dem Mikroskop schräg zur Achse gestellt wurde. Bei der kleinen Austrittsapertur der Mikroskope ist dies ohne weiteres erlaubt, da der Ort höchster Schärfe bildseitig sehr undefiniert ist und man das Bild viele Zentimeter hin- und herrücken kann, ohne daß die Schärfe abnimmt. Bei einer Schrägstellung bleibt also über große Bereiche die Schärfe erhalten. Ein Teil der Verdeutlichung bei dem eindimensional gestreckten Bild ist zweifellos auf *psychologische Effekte* zurückzuführen, ähnlich wie bei den Bildern mit der

Punktreihe. Es ist nun interessant, diese Kurven gleicher Schwärzung so zu verzerren bzw. zu entzerren, daß man schließlich die beiden Aufnahmen auf den gleichen Maßstab bringt. Im folgenden Bild 72 sieht man unter a) das normal vergrößerte Bild eines Teiles des unverzerrten Bildes. Läßt man nun den Maßstab in Richtung der Mikrometerstriche zusammenschrumpfen und ver-

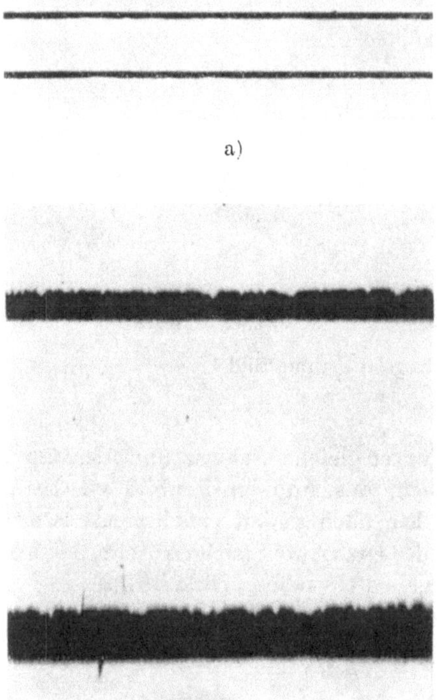

a) b)

Bild 70. Striche eines Objektmikrometers
a) In gewöhnlicher Aufnahme
b) Eindimensionell gestreckt

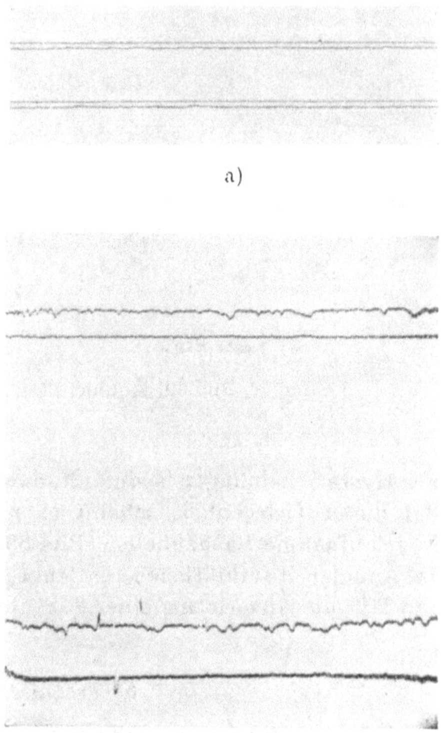

a) b)

Bild 71. Das Bild 70 mit Äquidensiten durchzogen

größert senkrecht dazu noch etwas stärker, so kommt man auf b). Bild 72b enthält einen Teil des Bildes, das von dem verzerrten durch Vergrößerung gewonnen ist; es wurde zum Teil entzerrt und so auf die gleichen Maße in beiden Dimensionen wie 71b gebracht. Man sieht, daß die beiden mittleren Bilder im wesentlichen identisch sind. Allerdings ist das Bild 72c, das von der verzerrten Aufnahme gewonnen ist, in den Einzelheiten deutlicher. Es liegt dies daran, daß das ursprüngliche Bild mit einer größeren Körnerzahl aufgenommen ist und daß die statistischen Schwankungen infolgedessen gegenüber der tatsächlichen Zeichnung zurücktreten. In dem aus der unverzerrten Aufnahme gewonnenen Bild erkennt man eine Art Perlenstruktur, die anzeigt, daß die Kurvenführung bereits durch statistische Schwankungen unsicher ist. Es ist also nicht nur vom psychologischen Standpunkt aus wesentlich, das Bild in der einen Dimension zu strecken, sondern es liegt hier auch der *physikalische Effekt* vor, daß durch das vergrößerte primäre Bild eine Verbesserung in der Detailzeichnung gegeben ist. Das Erkennen von Auslenkungen in der Kontur entspricht etwa der Noniusauflösung des Auges. Durch eindimensionale Streckung ist es möglich, hier bis an die Grenze des technisch überhaupt Erzielbaren zu kommen. Man kann die Unruhe der Kontur in unserem Fall etwa auf 1% der Strichdicke, also auf 100 ÅE bestimmen. Natürlich ist die Auflösung in Richtung der Striche nicht größer als es das optische System zuläßt; aber es wird durch die geschilderten Maßnahmen eine Ausschöpfung des Informationsgehaltes erleichtert.

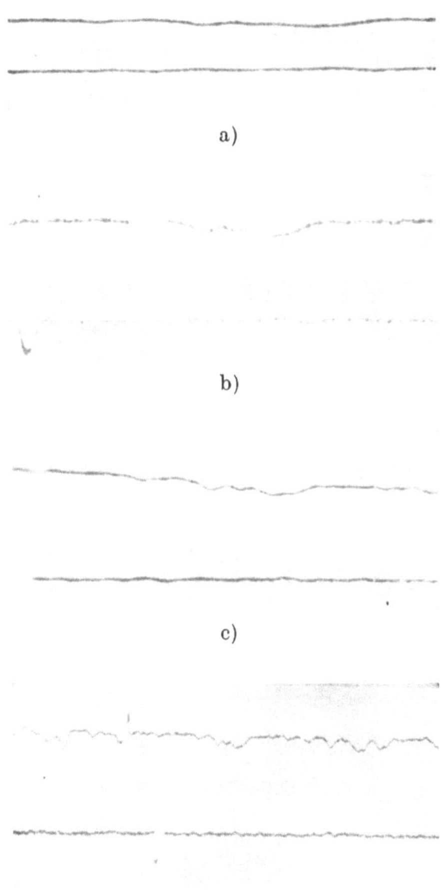

Bild 72. Vergleich der Auflösung von Bild 70a und 70b

Man kann natürlich das ursprüngliche Bild auch von vornherein stärker vergrößern und späterhin durch anamorphotische Systeme oder Schiefstellung eine Streckung in einer Dimension erreichen, jedoch stößt man bei einer stärkeren Vergrößerung unmittelbar am Mikroskop unter Umständen auf Schwierigkeiten, weil bei stärkeren Vergrößerungen die bildseitige Apertur noch kleiner wird und nunmehr neue Störungen auftreten, die durch Unregelmäßigkeiten der verwendeten Gläser oder sonstige statistische Fehler bedingt sind. Es ist daher zu empfehlen, daß man unter Beibehaltung der gewöhnlichen Vergrößerungsoptik durch Schiefstellung verzerrt, weil man hierbei die Aperturen nicht herabsetzt.

c) *Biologische Mikrophotos*

Als weiteres Beispiel sei ein biologisches Objekt betrachtet. Es handelt sich um einen Ausschnitt aus der Photographie eines Riesenchromosoms einer Mückenart (Bild 73a). Das Präparat ist von Dr. MECHELKE (*Inst. f. Kulturpflanzenforschung* der DAdW, Gatersleben) zur Verfügung gestellt worden. Die Biologen haben ein großes Interesse daran, alle Einzelheiten eines Bildes genau zu erkennen, die dann im großen Maßstab durchgezeichnet werden. Nach Obigem ist jedoch zu vermuten, daß keineswegs alles richtig erfaßt wird. Auch hier scheint es angebracht, durch eindimensionale Streckung Einzelheiten deutlicher heraus-

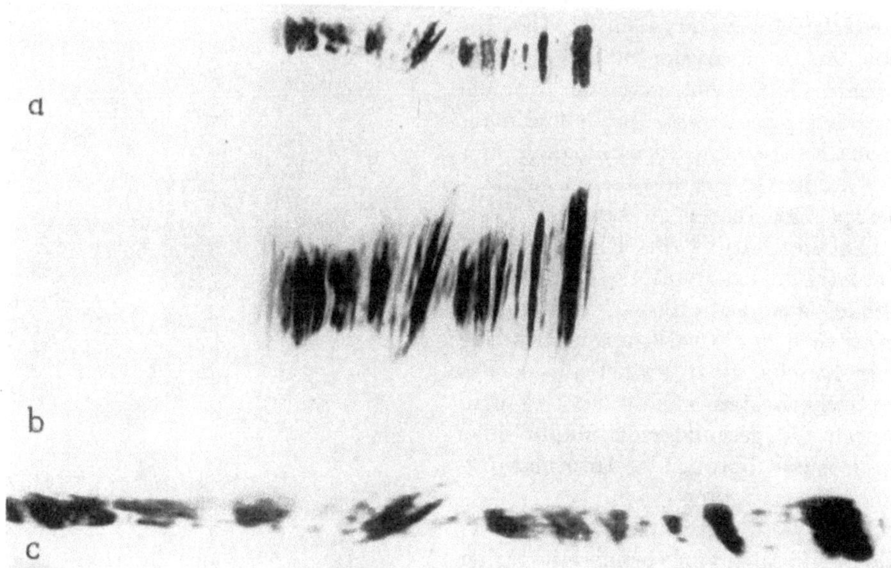

Bild 73. Ein Teil eines Riesenchromosoms (a), eindimensional in zwei verschiedenen Richtungen gestreckt (b, c)

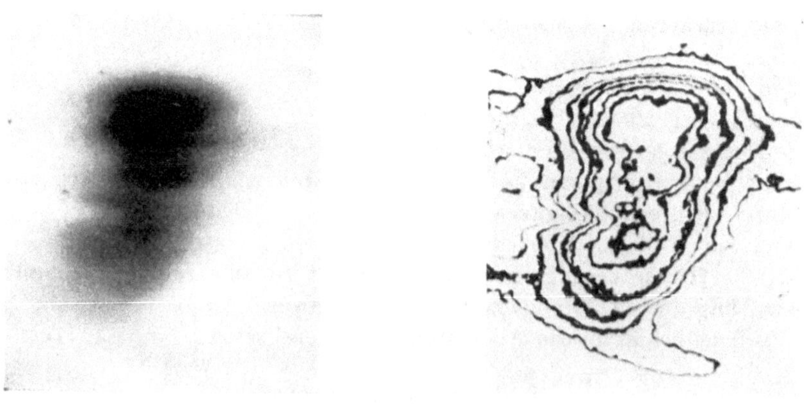

a) b)

Bild 74. a) Teil aus Bild 73, mit einer Äquidensitenschar durchzogen (b)

zuholen. In 73b und c sieht man das Bild in zwei verschiedenen Dimensionen gestreckt vor sich. Man erkennt auf den ersten Blick viel mehr Einzelheiten als auf dem normalen Bild 73a. In diesem Fall erscheint es jedoch wichtig, um den

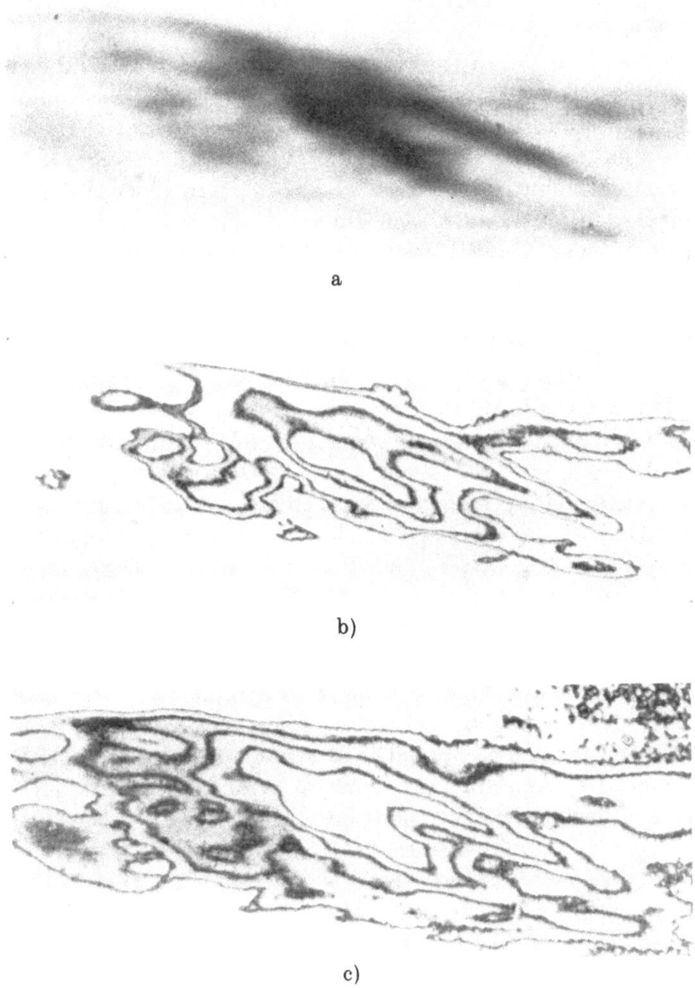

Bild 75. a) Teil aus Bild 73, mit Äquidensitenscharen durchzogen (b, c)

Informationsgehalt voll auszuschöpfen, das Bild mit einer Schar von Äquidensiten zu durchziehen. Dies ermöglicht, das gesamte *Intensitätsgebirge* eines jeden einzelnen Fleckes deutlich zu erkennen. In den Bildern 74 und 75 werden Beispiele solcher Intensitätsgebirge gebracht. Besonders eindringlich ist das Bild 74, wo im ganzen acht Äquidensiten durch das Bild gezogen sind ([8]). Hier wird gezeigt, wie notwendig es ist, bei komplizierten Gebilden jederzeit das Original daneben zu haben, weil man die einzelnen Ordnungen der Äquidensiten sonst nicht unterscheiden kann. Die Beispiele für solche Bildanalysen ließen sich beliebig vermehren; es sei u. a. auf die radioautographischen Darstellungen von Organen verwiesen, die nach Verabreichung von kolloidalen Isotopen die für die Absonderung kolloidaler Partikel bevorzugten Stellen (z. B. Krebszellen) zeigen [z. B. [50]]. Werden solche Radioautogramme äquidensitometrisch ausgewertet, dann ist zweifellos mehr an Information herauszuholen als bei der üblichen Betrachtungsweise. Auf Bild 74 erkennt man an der Dichte der Äquidensiten auch die Gradienten. Wahrscheinlich ist es für viele Bilder wichtig, die *Stellen höchster Gradienten* unmittelbar zu erhalten. Die Verfasser bereiten zur Zeit ein Verfahren vor, nach dem es möglich ist, diese Stellen in Kurven darzustellen.

Bei dem Bild 76a handelt es sich um die Abbildung einer *Gyrosigma*, der auf Bild 76b die eindimensional gestreckte gegenübergestellt wird. Man erkennt auf diese Weise die Lagebeziehungen. Beide Bilder wurden in c) und d) mit Äquidensiten durchzogen. Bei dem gestreckten Bild erkennt man viel deutlicher die Lagebeziehungen der einzelnen Punkte. Es ist eine den Augenärzten bekannte Tatsache, daß regelmäßige Strukturen im allgemeinen nicht gut erkannt werden. Man wählt ja z. B. auch beim Schreiben den Abstand der Zeilen größer als den Abstand der Buchstaben, weil sonst die Erkennbarkeit erheblich leiden würde.

Die hier behandelten Maßnahmen ermöglichen somit eine leichte und erschöpfende Darstellung der Lagebeziehungen einzelner Punkte, sei es nun auf einer Kontur oder bei Gitter- und Punktstrukturen. Diese Lagebeziehungen können, wie bekannt, viel genauer bestimmt werden als der Wert der Auflösungsgrenze; der Fehler in der Bestimmung des Abstandes zweier gut aufgelöster Punkte ist viel kleiner als der Abstand zweier eben noch aufgelöster Punkte. Man weiß dies auch aus der Photogrammetrie, der astrometrischen Bestimmung der Lage von Sternorten sowie aus der Lagebestimmung von Strichwerten in der Meßtechnik. Die Bestimmung der *Lage von Punkten* bzw. der *Versetzung von Konturen* hat keine so prinzipiellen Grenzen wie die Auflösung von Einzelheiten. Sie sind im wesentlichen durch die statistischen Schwankungen im Aufnahmekorn bedingt. Diese statistischen Schwankungen werden aber bei Vergrößerung des Bildes auch in einer Dimension geringer. Es wird also die Ausschöpfung des Informationsgehaltes durch die hier gekennzeichneten Maßnahmen verbessert, und insbesondere wird auch die Analyse eines Lichtgebirges im Bilde durch Äquidensitenscharen überhaupt erst ermöglicht, und die großen Fehler, denen das Auge sonst unterliegt, werden dadurch ausgeschaltet.

Die hier mit Hilfe des Licht-Mikroskops durchgeführten Versuche gelten natürlich auch für das Elektronenmikroskop. Erhält man mit einem Elektronenmikroskop Aufnahmen mit einem Auflösungsvermögen von 10 ÅE, wie es in gewissen Fällen möglich ist, so müssen bei im Bilde auftretenden Kanten bereits Konturversetzungen von 1 ÅE mit Sicherheit erkannt werden, d. h. man könnte Schichten von einzelnen Atomen noch wahrnehmen.

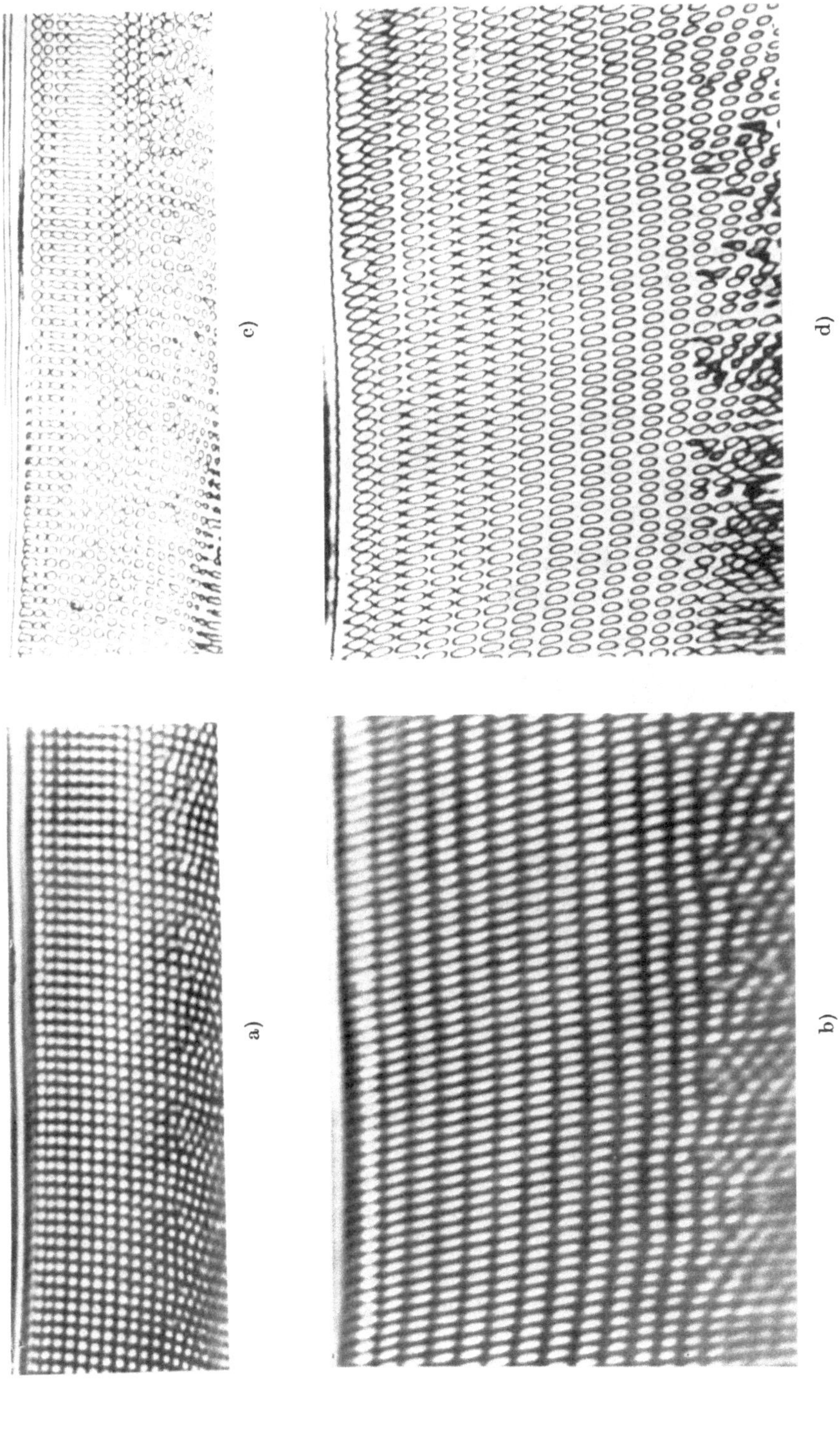

Bild 76. Diatomee *Gyrosigma* (a) eindimensional gestreckt (b). Die gleichen Bilder, als Äquidensiten (c, d)

6. Feinmeßtechnik

a) *Profilprüfung*

Für die Prüfung von Profilen benutzt man im allgemeinen das *Schattenbildverfahren.* Sowohl bei der Betrachtung eines Prüflings im Mikroskop oder im Projektor als auch bei der Auswertung der Mikroaufnahmen wirkt es sich nachteilig aus, daß in den meisten Fällen kein „scharf" begrenztes Schattenbild entsteht, die Einzelheiten nicht klar zu erkennen sind und deshalb auch keine genaue Messung vorgenommen werden kann. Die mangelnde Schärfe erklärt sich aus dem verwaschenen Schwärzungsverlauf an den Profilrändern, der infolge der Dicke des Prüflings, durch Überstrahlung, Beugung usw. entsteht. Es ist daher schwierig, z. B. den Abrundungsradius oder die Rauhigkeiten der Oberfläche einer Achatspitze (Bild 77a) oder die Tiefe der Scharten einer

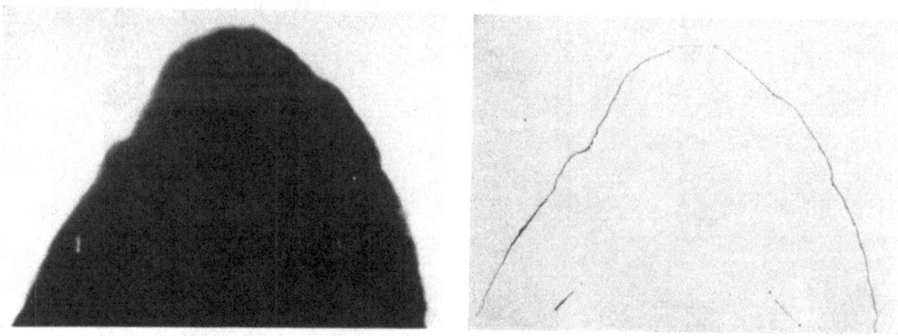

a) b)

Bild 77. a) Profilbild einer Achatspitze (Vergr. 100 ×) b) Äquidensite zu a)

Schneide an den Mikroaufnahmen direkt zu bestimmen. Legt man aber eine Äquidensite, also eine Kurve gleicher Schwärzung, in die Profilbegrenzung, so gelingt es, mit höherer Meßgenauigkeit das Profil zu prüfen (Bild 77b). Die hier wiedergegebenen Bilder lassen den Vorteil nicht so deutlich erkennen, wie es in der Praxis tatsächlich auftritt, da die Schattenbilder im Druck stets kontrastreicher als die Originale erscheinen.

Wie Lehmann und Wiemer[26] in ihren Untersuchungen gezeigt haben, wirkt sich das neue Verfahren besonders vorteilhaft aus, wenn es sich um Abnutzungs- oder Verschleißprüfungen handelt; bei Spitzen und Schneiden sind hierbei gute Erfolge durch Benutzung von Äquidensiten erzielt worden, so daß die Versuche auf Gewindeprofilaufnahmen (Bild 78) ausgedehnt wurden. Auch hierbei zeigte sich eine wesentliche Verbesserung gegenüber der direkten Ausmessung am Profil. In Bild 78a ist das Gewindeprofil M 6 einer Spindel dargestellt, die auf der Drehbank geschnitten wurde und sehr rauhe Flanken sowie schlechte Abrundungsradien im Kern aufweist. Die Überlegenheit der Äquidensitenaufnahme (Bild 78b) wird auch hier besonders deutlich, denn die Rauhigkeit der Flanken läßt sich an der Linie wesentlich besser verfolgen als an Schwarzweißgrenzen. In diesem Fall ist durch Hartkopie die Schwarzweißgrenze in dem Profilbild extrem hart gemacht worden. Die Äquidensite hat sich

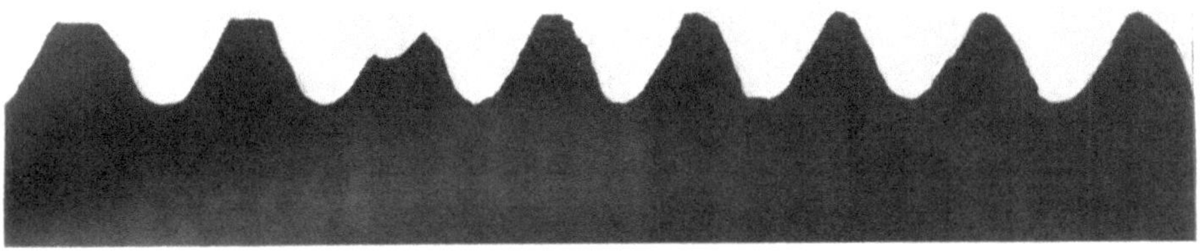

a)

b)

Bild 78. a) Gewindeprofil als Schattenbild b) Gewindeprofil als Äquidensite

im wesentlichen durch Streulicht an der Kontur gebildet (vgl. II. A, 6). Die scharfe Linie bietet hier einen technischen Vorteil für die Ausmessung.

b) Oberflächenprüfung

Da Äquidensiten überall da Anwendung finden können, wo ein verwaschener Schwärzungsverlauf die Auffassung der Meßmarken erschwert, lag es nahe, das Äquidensitenverfahren bei Oberflächenaufnahmen zu erproben, die nach dem *Lichtschnittverfahren* mit dem Oberflächen-Prüfgerät nach SCHMALTZ [33] hergestellt wurden. Für die Ergebnisse dieser Versuche seien Bild 79a und b wiedergegeben, die von LEHMANN und WIEMER [26] erhalten wurden; sie können als ein guter Erfolg gewertet werden, weil nunmehr durch die Äquidensite das erreicht worden ist, was bei dem Lichtschnittverfahren eigentlich angestrebt wurde, praktisch aber nicht erreicht werden kann, nämlich den Spalt so eng auszubilden, daß eine schmale Profillinie als Lichtschnitt auf der Oberfläche entsteht. Beim Gerät muß eine gewisse Mindestspaltbreite eingehalten werden, um dann auf den einen Rand des Lichtspaltes scharf einstellen zu können: auf diese Weise läßt sich natürlich keine Linie erzielen.

c) *Allgemeine Bemerkungen*

Die wiedergegebenen Beispiele beweisen zweifellos, daß durch Anwendung des neuen Prüfverfahrens wesentliche Vorteile erzielt werden können; trotzdem

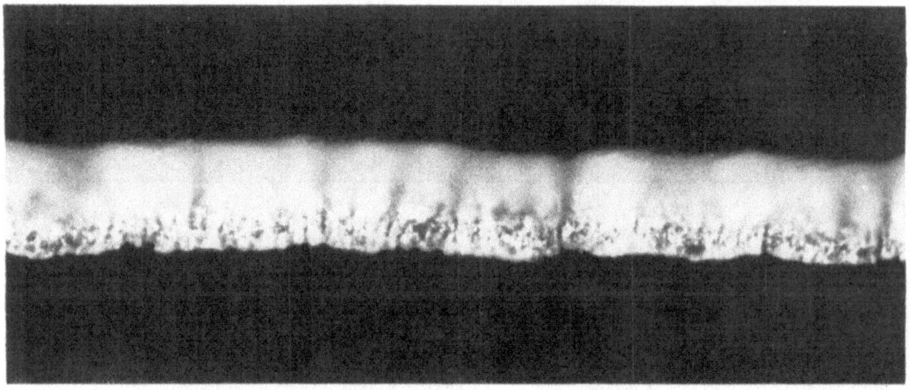

a)

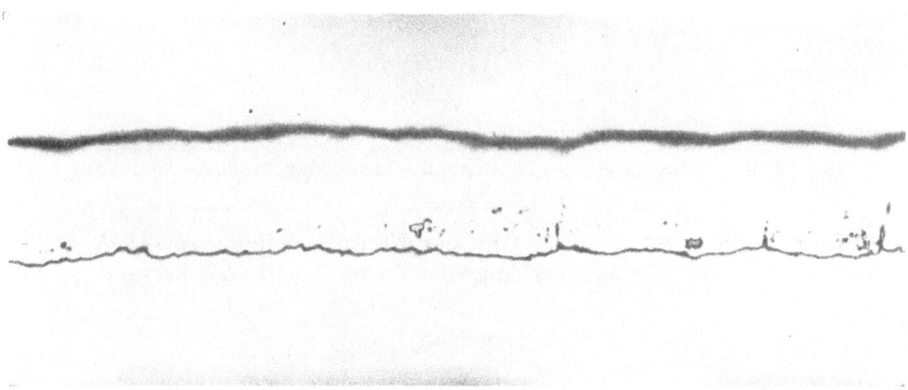

b)

Bild 79. a) Oberflächenbild im Lichtschnittmikroskop (nach SCHMALTZ) b) Äquidensite zu a)

darf die notwendige Kritik nicht fehlen. So wird z. Z. noch untersucht, wie z. B. die Verhältnisse bei der Profilprüfung liegen. Hier gibt es an den Profilrändern infolge Überstrahlung usw. unter Umständen Stellen, an denen sich der Schwärzungsverlauf ändert. Es wird daher noch genauer untersucht werden müssen, was die Äquidensite über den Profilverlauf aussagen kann. Von dem Ergebnis dieser Untersuchungen wird es dann abhängen, wie weit sich Äquidensitenaufnahmen auch zur Ausmessung der Profilobjekte eignen, z. B. zur Bestimmung des Radius an der Achatspitze (Bild 77a); übrigens treten diese Fragen immer bei den Messungen an Profilprojektoren auf. Trotz dieser Einschränkung für die Anwendung des Äquidensitenverfahrens bei der Profilprüfung bleibt die Überlegenheit für die allgemeine Prüfung (Auflösung der Details, besseres Erkennen von Unregelmäßigkeit, Rauhigkeit usw.) gegenüber dem einfachen Schattenbildverfahren bestehen. Entsprechend den Ausführungen in Abschn. V, 5 kann durch eindimensionale Streckung insbesondere beim SCHMALTZ-Verfahren der Informationsgehalt sicherlich besser zur Darstellung gebracht werden.

7. Spannungsoptik

Eine naheliegende Anwendung der Äquidensiten bietet sich in der Spannungsoptik, wo es sich um Auswertung von Interferenzerscheinungen handelt. SCHWIEGER und HABERLAND[27] haben gezeigt, daß es mit Hilfe der Äquidensiten möglich ist, lediglich aus *Isoklinen*aufnahmen die Schubspannungen mit hinreichender Genauigkeit zu bestimmen.

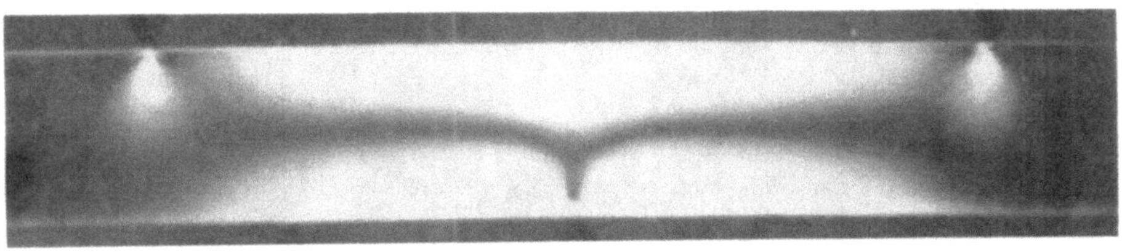

a)

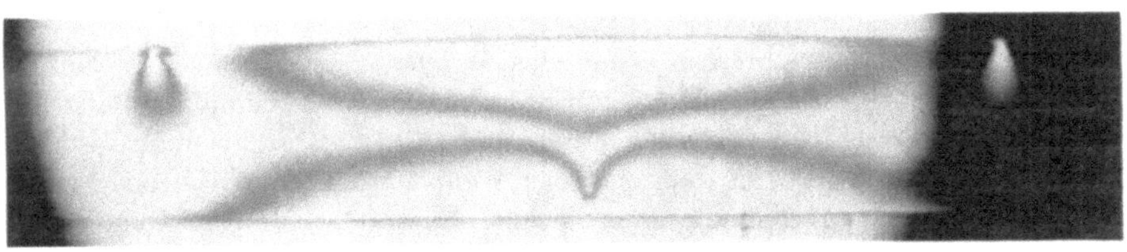

b)

Bild 80. a) Isoklinen eines Plexiglasbalkens mit Einzellast in der Mitte b) Äquidensite zu a)

Zur Aufnahme der *Isoklinen,* aus denen sich die Hauptspannungslinien ableiten lassen, werden bei spannungsoptischen Versuchen Modellwerkstoffe mit geringer optischer Wirksamkeit verwendet; hierbei hat sich besonders Plexiglas bewährt, das gute elastische Eigenschaften hat und im unbelasteten Zustand fast völlig eigenspannungsfrei ist. Leider treten jedoch im Plexiglas im allgemeinen keine oder nur wenige *Isochromaten* auf, die zur Bestimmung der Hauptschubspannung notwendig sind; es ist also erforderlich, optische Gangunterschiede $m < 1$ zu messen, d. h. mittels polarisationsoptischer Verfahren das hinter dem Modell auftretende elliptisch polarisierte Licht zu analysieren (z. B. durch punktweise Kompensation). Da dies sehr langwierige Verfahren sind, bedient man sich zur Aufnahme der Isochromaten meist eines weiteren Modells aus optisch hochwirksamem Kunstharz. SCHWIEGER und HABERLAND gingen von dem Gedanken aus, das zweite Modell zu sparen und gleich bei der Aufnahme der Isoklinen selbst die Orte *gleicher Schubspannung* τ_{xy} und weiter auch die *gleicher maximaler Schubspannung* $\tau_{\max}$ photographisch zu erhalten. Da die Äquidensitometrie auf dem Photogramm die Orte gleicher Schwärzung und damit auch die *Orte gleicher Lichtintensität* liefert, läßt sich punktweise die optische Doppelbrechung errechnen; die Intensitätsverteilung I hinter dem Analysator ist bekannt und eine Funktion der durch die Spannungen

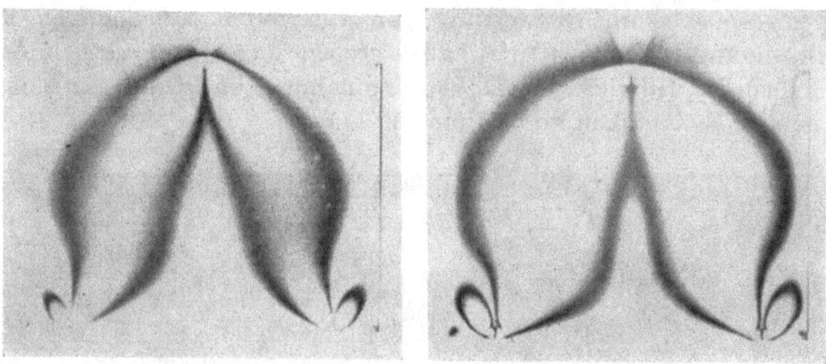

a) b)

Bild 81. Äquidensiten als Schubgleichen (τ_{xy} = const). a) Einzellast $P = 70$ (kp) b) Einzellast $P = 130$ (kp)

hervorgerufenen Doppelbrechung und des Winkels α zwischen einer Hauptspannungsrichtung und der Richtung des Polarisators. Wenn man also die Isoklinen in je zwei Äquidensiten aufspaltet (Bild 80), erhält man die Orte gleicher Lichtintensität, so daß man bei Kenntnis des Winkels α längs der Äquidensiten den optischen Gangunterschied Δm mit genügender Genauigkeit bestimmen kann.

Weiterhin wird von den genannten Verfassern gezeigt, wie die Äquidensiten selbst als Kurven *gleicher Schubspannung*, auf denen also τ_{xy} = const ist (Bild 81), sowie direkt als *Schubgleichen* oder *Kurven gleicher Hauptschubspannung* ($\tau_{\max}$ = const) gewonnen werden können (Bild 82). Hier sind die Äquidensiten verhältnismäßig breit, dem kleinen Gradienten entsprechend. Für die Genauigkeitsanforderungen in den Modellversuchen der Spannungsoptik genügen in vielen Fällen diese breiten Kurven, zumal sie durch ihre Breitenvariation überdies Auskunft über die *Spannungsgradienten* geben. Erstrebt man genauere Ergebnisse, dann sind nach den bisher beschriebenen Verfahren Äquidensiten in beliebiger Schärfe auch für diese Untersuchungen zu erzielen.

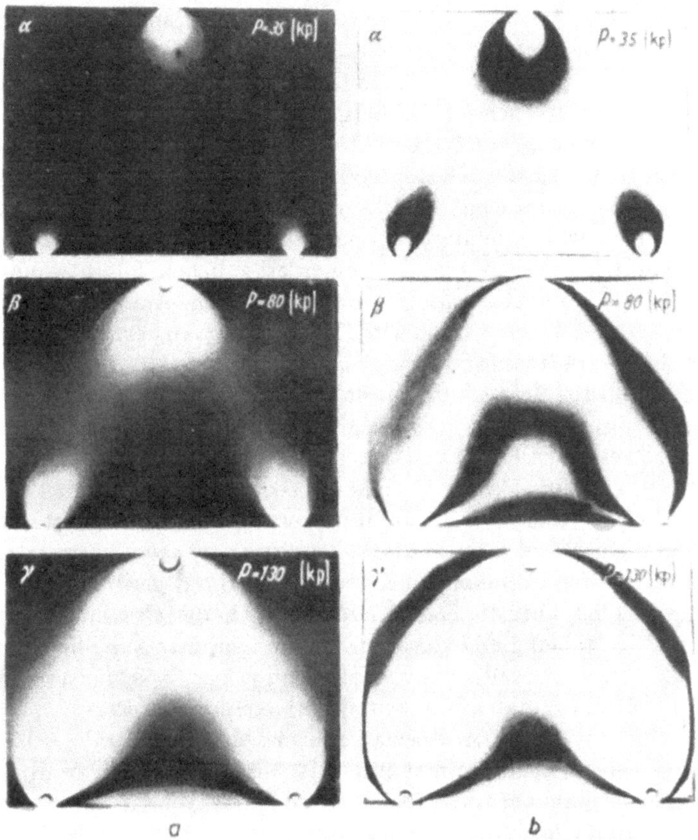

Bild 82. a) Mittels Doppelbelichtung im linear polarisierten Licht erhaltene Aufnahmen eines Plexiglasmodells bei verschiedenen Laststufen. b) Äquidensiten zu a) als Hauptschubgleichen (τ_{max} = const)

8. Dosimetrie

Eine spezielle Anwendung der Äquidensitometrie in der Medizin und Biologie haben KÖLLE, EICHHORN und DEGENHARDT[40] angegeben.

Für die Röntgen- und Radiumtherapie wird seit langem ein einfaches und einwandfreies Verfahren zur Herstellung von *Isodosentafeln*, die die räumliche Verteilung der wirksamen ionisierenden Strahlung für die verschiedensten günstigen Anordnungen der einzelnen Strahlungsquellen (Röntgenröhre, Radiumpräparat usw.) angeben, gefordert.

Die Nachteile der einzelnen Nachweisverfahren für ionisierende Strahlungen, die in der genannten Arbeit ausführlich zitiert und kritisiert sind, liegen vor allem, abgesehen von physikalischen und praktischen Gesichtspunkten, in dem großen Aufwand an Zeit und an kostspieligen Dosimetern, die kleinere Kliniken meist nicht besitzen. Als günstigste Methode hinsichtlich des Instrumentariums erschien der photographische Strahlungsnachweis. Hierbei wurde bisher ein Röntgenfilm, wie er in jeder Röntgenabteilung gebraucht wird, durch bestimmte Anordnungen in der Ebene des Röntgenstrahlenbündels (z. B. TRUMP[51] u. a.), von der man die räumliche Anordnung der Kurven gleicher Dosisleistung (*Isodosen*) kennen will, exponiert und nach der Bearbeitung visuell oder punktweise photometrisch ausgewertet, was einen erheblichen Zeitaufwand erfordert. Die Möglichkeit, vom *Autoradiogramm*, das durch Auflegen der Präparatanordnung auf den Film gewonnen wird, Isodosenkurven darzustellen (Ausphotometrieren der Schwärzungsfelder), deckt sich mit ähnlichen Methoden auf anderen Gebieten der Meßtechnik; sie haben den Nachteil, daß lediglich Schnitte durch das Schwärzungsfeld gewonnen werden und die gesuchten Kurven mühselig durch einzelne Punkte zusammengesetzt werden müssen. Zum Beispiel haben KIRCHHOFF und BARTZ[42] mit 15000 einzelnen photometrischen Messungen die Dosisverteilung von nur fünf verschiedenen Präparatanordnungen ausgemessen. Durch die *automatische zweidimensionale Photometrie* mittels Äquidensiten ist dem Kliniker ein Mittel in die Hand gegeben, das ihm einen sofortigen Überblick über die Strahlenverteilung in der Gesamtheit ermöglicht; die Äquidensiten stellen die Isodosen unter der Voraussetzung dar, daß gleicher Dosis immer eine bestimmte Schwärzung entspricht, was meistens erfüllt ist. Der Vorteil liegt darin, daß die Arbeiten vom technischen Personal ohne besonderen Aufwand an Zeit und Spezialkenntnissen ausgeführt werden können. Gegenüber den bisherigen Methoden der Isodosenherstellung (z. B. Abtastung mittels Ionisationskammern oder Halbleiterzellen) besteht der Vorteil auch darin, daß in einem Radiogramm die Meßpunkte sehr klein sind (Größe des photographischen Korns gegenüber ca. 5 mm^3 bei Kleinst-Ionisationskammern). Die photographische Emulsion registriert die Strahlung integrierend, was insbesondere für die Isodosenaufzeichnung bei veränderlichen Bedingungen (z. B. Röntgen-Bewegungsbestrahlung) sehr günstig ist, und hält die sehr große Zahl der Meßpunkte dokumentarisch fest. Ferner ist der Beobachter während der relativ kurzen Meßzeit für so viele Meßpunkte der Strahlung weniger lange ausgesetzt als bisher. Im übrigen können mit diesem einfachen Verfahren die langjährigen Forderungen zur Erstellung von Atlanten für die Dosisverteilung standardisierter Präparatkombinationen von den Kliniken erfüllt werden.

Auch für die Radiumbestrahlungen ist stets dann eine neue Dosisermittlung notwendig, wenn die Bestrahlungsbedingungen geändert werden, wie es für die Röntgentherapie als Grundsatz gilt (etwa bei Änderung von Abstand oder Strahlenqualität). Die Form und Bestückung der Radiumträger muß gewöhnlich öfter als die Bestrahlungsbedingungen bei Röntgenbestrahlungen abgewandelt werden, um sie den Erfordernissen des jeweiligen Krankheitsbildes anzupassen. Folglich muß für jede angewendete Trägerform und Bestückung einmal die Bestimmung der γ-Strahlendosis durchgeführt werden, und zwar der Dosis, die an wichtigen Punkten in bestimmten Abständen vom Radiumträger wirkt, analog der Feststellung der Oberflächendosis und Herddosis bei der Röntgentherapie.

In der genannten Arbeit [40] werden auch die Methoden angegeben, wie durch wenige ionometrische Messungen die Isodosenblätter geeicht werden können. Der Isodosenverlauf um einen Radiumträger kann also einwandfrei photometriert werden; ferner wird gezeigt, wie die Röntgen- oder γ-Strahlendosis für die Therapie jeweils schnell aus den Isodosen ermittelt werden kann, was eine wesentliche Hilfe für die Behandlung bedeutet. Lediglich die praktische Handhabung des Verfahrens müßte noch für diese Spezialfälle der Therapie verbessert werden; bei den ersten Versuchen wird noch die Negativ-Positiv-Komposition angewandt, wie sie als erstes Verfahren [3] angegeben ist, wobei auch photographisches Papier wegen seiner schnellen Trockenbarkeit benutzt wird.

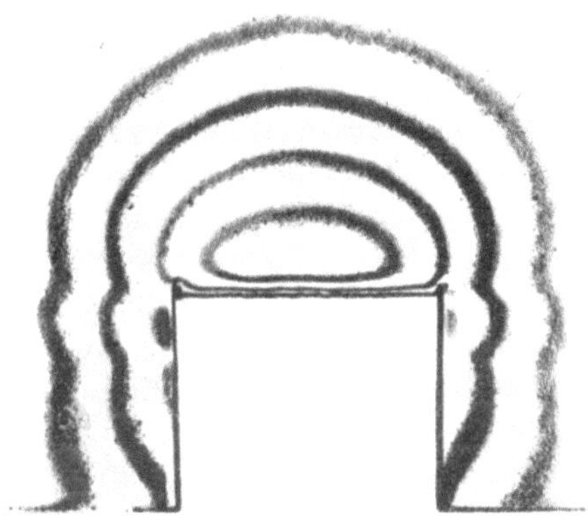

Bild 83. Isodosenverlauf um eine Präparatanordnung mit 60 mg Radium in Luft (durch Äquidensiten dargestellt nach DEGENHARDT)

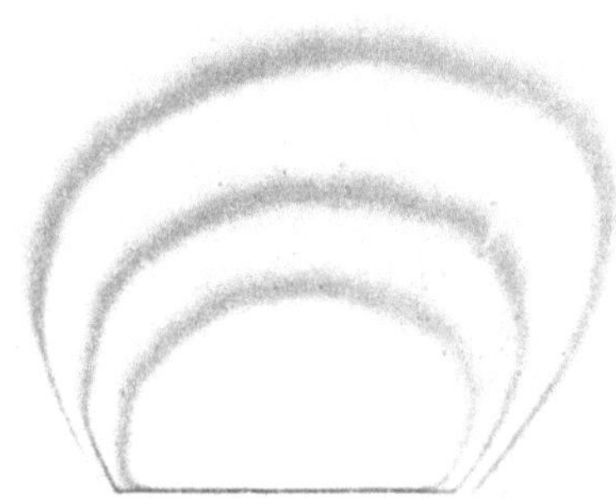

Bild 84. Isodosenverlauf von einem Röntgen-Nahbestrahlungsgerät nach CHAOUL in Luft (durch Äquidensiten dargestellt nach MATSCHKE)

Als Beispiele für Äquidensiten in der Radium- und Röntgentherapie seien die Bilder 83 und 84 von S. MATSCHKE und K. H. DEGENHARDT (*Institut für Medizin und Biologie* der DAdW, Berlin-Buch) gebracht.

A. RAKOW arbeitet im Institut für Medizin und Biologie an der Vervollkommnung und Vereinfachung des Verfahrens für diese klinischen Belange und will insbesondere durch spezielle Untersuchungen klären, wie weit Isodosen und Äquidensiten identisch sind. In inhomogenen Medien (menschliche Körper) kann durch Streuung und dadurch bedingte Wellenlängenänderung insbesondere bei Röntgenstrahlen eine Verfälschung der Dosisaufzeichnung hervorgerufen werden; durch die Wellenlängenabhängigkeit des Filmmaterials muß gleichen Schwärzungen nicht immer die gleiche Dosis entsprechen. (Vgl. auch [50].)

VI. Elektronische Aufzeichnung von Äquidensiten

1. Der elektronische Äquidensitograph

a) *Allgemeine Gesichtspunkte*

Der fortschreitende Aufschwung in der Entwicklung der modernen Elektronik gestattet heute, auch photometrische Meßgrößen elektrisch zu erfassen bzw. deren räumlichen und zeitlichen Verlauf zu registrieren. Dies gilt insbesondere für lichtelektrische Vorgänge, und der Gedanke, Äquidensiten auch elektronisch darzustellen, lag nahe. Für spezielle Probleme ist es nämlich erforderlich, Äquidensiten in jeden beliebigen Intensitätsbereich zu legen. Die dioptrisch-photographischen Methoden (Abschn. II, A), so bestechend sie sind, weil sie mit einem Minimum an apparativem Aufwand sehr beachtliche Ergebnisse bringen, sind für diese Zwecke schwierig zu handhaben. Das Schwärzungsplastik-Verfahren (Abschn. II, B) bringt Äquidensitenscharen, die aber durch das Interferenzprinzip vorherbestimmt sind (Niveauabstand $\lambda/2$); überdies dürfte das Verfahren praktisch auf kleine Flächen begrenzt bleiben.

Zur Lösung solcher Aufgaben (beliebige Äquidensiten über große Flächen) kann auf elektronische Verfahren zurückgegriffen werden, wobei verschiedene Wege diskutiert wurden. Einer befaßt sich mit der direkten Abbildung der Äquidensiten auf dem Leuchtschirm einer BRAUNschen Röhre; er wurde 1953 in Amerika von FOWLER u. a. [4] beschritten und besteht in der Verwendung üblicher Übertragungsmittel des Bildfunks unter Einschaltung eines mittels Röhrencharakteristik arbeitenden Intensitätsfilters. LOHMANN [55] schlägt vor, mittels einer steilen Röhre mit Amplitudenbegrenzung und darauf folgender Differenzierstufe die Äquidensiten zu gewinnen bzw. auf einem BRAUNschen Rohr sichtbar zu machen *). Ferner läßt sich durch multiplikative Mischung in einer Hexode das photographische Positiv-Negativ-Verfahren direkt nachahmen bzw. elektronisch realisieren; dieser Weg wird z. Z. im *Institut für Optik und Feinmechanik* beschritten und dürfte wohl der aussichtsreichste sein. Diese Methoden gestatten, soweit sie mit einer Bildröhre kombiniert sind, zwar einen raschen Überblick über den Verlauf der Äquidensiten, sind aber wegen der Ungenauigkeit der Wiedergabe, insbesondere wegen der mangelhaften Geometrie der Bildröhre, für feinere Messungen nicht ausreichend; d. h. es kann eine

---

*) Vortrag auf der Tagung der Dtsch. Ges. f. angew. Optik Berlin 1956.

einwandfreie Identifizierung der topographischen Einzelheiten des Originals mit dem Äquidensitenbild nicht ohne weiteres erfolgen. Andererseits gestatten diese Verfahren die direkte optische Darstellung kontinuierlich ineinander überzuführender Äquidensiten durch Anwendung rein elektronischer Schaltelemente. Die Kombination dieser Möglichkeit mit der *Fernsehmikroskopie* wird von den Verfassern z. Z. vorbereitet. Ein anderer Weg benutzt gemischte elektronische und mechanische Bauelemente. Er wurde zunächst im *Institut für Optik und Feinmechanik* gewählt, ermöglicht zwar nicht die direkte Betrachtung, kann jedoch jede bestimmte Äquidensite oder eine beliebige Äquidensitenschar photographisch abbilden.

Ein derartiges Gerät, für welches die Bezeichnung *Äquidensitograph* gewählt wurde, ist erst seit kurzem als Laboratoriumsgerät in Betrieb; es kann daher über endgültige Meßergebnisse noch nicht berichtet werden, sondern es sollen hier über den Aufbau und die ersten Versuchsreihen einige Angaben gemacht werden. Die Durcharbeitung des Gerätes erfolgte gemeinsam mit L. FOITZIK und J. SCHUSTA [49], die Gerätekonstruktion führte E. GRAF durch.

b) *Aufbau des Versuchsgerätes*

Es wurde das Problem gestellt, von einer photographischen Aufnahme (9×12-Platte) Äquidensiten auf einer zweiten 9×12-Platte zu zeichnen, d. h., Punkte *gleicher vorgegebener Schwärzung* der einen Platte sollen in genau derselben geometrischen Lage auf die zweite Platte übertragen werden. Die Aneinanderreihung dieser Punkte zu geschlossenen Kurvenzügen entspricht definitionsmäßig den gewünschten Äquidensiten. Zur genauen Einhaltung der geometrischen Lage werden beide Platten (*7*, *8*) in einem gemeinsamen Metallrahmen (Bild 85) auf einem Laufschlitten (*6*) fest eingespannt. Die eine Platte bewegt sich zwischen Kondensor (*11*) und Objektiv (*12*) eines Mikroskops von 300facher Vergrößerung, während sich die zweite Platte unter einem Mikroprojektor (*16*) gleichlaufend befindet. Wie aus der Abbildung ersichtlich, wird die erste Platte von der Beleuchtungseinrichtung des Mikroskops durchleuchtet und ein Bildelement von 0,1 mm^2 der Photoplatte über das Okular (*13*) auf der aktiven Fläche einer Photozelle (*14*) abgebildet; der Photostrom ändert sich mit der Schwärzung der Bildelemente, welche an dem Mikroskop vorbeigeführt werden. Hat der Photostrom eine bestimmte Größe erreicht, welche der am Gerät eingestellten Äquidensite entspricht, so löst ein elektronisch gesteuertes Relais (*15*) über der zweiten Platte einen vom Mikroprojektor (*16*) kommenden Lichtstrahl aus, welcher einen Punkt von ebenfalls 0,1 mm^2 Fläche auf dieser Platte abbildet. Wenn das Relais rein elektronisch, d. h. ohne mechanische Teile arbeitet, kann die Übertragung praktisch ohne Zeitverzögerung erfolgen. Die Bewegung des Rahmens mit den beiden Platten geht so vor sich, daß eine zeilenförmige Abtastung der ersten Photoplatte mit einem Vorschub von 0,1 mm (Zeilenabstand) erfolgt. Dem Plattenformat (9×12) entsprechend, wird das Bild in einer Abtastzeit von 12 Min. in 900 Zeilen zerlegt. Eine zufriedenstellende Funktion des Gerätes setzt eine äußerst präzise mechanische Konstruktion der bewegten Teile voraus. Eine gleichmäßige Schwärzung der Punkte auf der zweiten Platte ist nur dann zu erwarten, wenn der Durchlauf der Platten mit gleichförmiger Geschwindigkeit erfolgt. Die Umkehrung der Bewegungsrichtung sowie die zwangsläufig damit verbundene Verzögerung und Beschleunigung des Rahmens muß zu einer Zeit vor sich gehen, wo sich der abtastende Lichtstrahl außerhalb der Plattenfläche

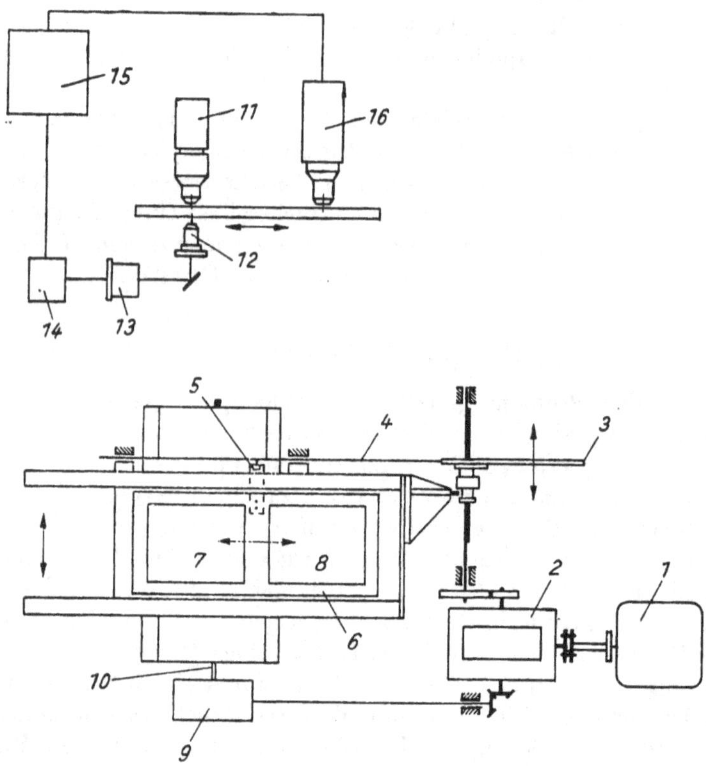

Bild 85. Äquidensitograph (Schema der Gesamtanordnung)

befindet. Diese Bedingungen werden mit einer zu diesem Zweck eigens geformten Kurvenscheibe (*3*) erfüllt (rechts in Bild 86). Weiterhin wird bei der Bewegung eine sehr genaue Einhaltung der Entfernung Plattenschicht-Mikroobjektiv gefordert, weil durch die geringste Änderung der Entfernung auf Grund der großen Apertur der Mikrooptik Helligkeitsschwankungen des Bildelementes eintreten, die eine Verzerrung der Äquidensiten zur Folge hätten. Daß die Elektronik erschütterungsfrei gelagert sein muß, ist eine Selbstverständlichkeit. Unerwünschte mechanische Stöße könnten das elektronische Relais auslösen und zu einer falschen Punktabbildung führen. Auch der Antrieb der Kurvenscheibe, welche die Rahmenbewegung steuert, muß erschütterungsfrei, am besten mit einem gut ausgewuchteten Drehstromasynchronmotor (*1*), erfolgen. Die geschilderte Anlage wurde für den Betrieb in der Dunkelkammer gebaut, aber trotzdem müssen alle metallischen Bestandteile, welche eine Reflexion der Lichtstrahlen auf die zweite Platte oder in den optischen Strahlengang der ersten Platte verursachen könnten, sorgfältigst geschwärzt werden. Ebenso peinlich ist jedes Fremdlicht fernzuhalten.

Bild 86. Äquidensitograph (Versuchsanordnung)

c) *Die elektronische Schaltung*

Das elektronische Relais besteht schaltungstechnisch, abgesehen von den erforderlichen Netzgeräten für die Betriebsspannungen, aus drei Gruppen (siehe Bild 87).

α) Photozellen-Eingangsstufe

Das Gitter einer EF 14 in Anodenbasisschaltung erhält vom Arbeitswiderstand der Photozelle eine Spannung, welche dem Photostrom proportional ist und der Lichtintensität des Bildelementes der abgetasteten ersten Photoplatte entspricht. Eine Anodenbasisschaltung, auch Kathodenverstärkung genannt, wurde gewählt, um den hohen Arbeitswiderstand der Photozelle an die anschließende Schaltung anzupassen. Die Verstärkung ist zwar immer kleiner als 1, doch bietet gerade diese Schaltung wesentliche Vorteile wie Phasengleichheit von Eingang und Ausgang, eine linearisierte Kennlinie (wegen der 100% Gegenkopplung) große Frequenzunabhängigkeit, weil der Ausgangswiderstand sehr klein ist (Kehrwert der Steilheit). Zwischen Arbeitswiderstand der Photozelle und Kathodenwiderstand der EF 14 befindet sich noch ein variabler Widerstand *r* (5teilige Präzisionsdekade), mit dem man die Ausgangsspannung dieser Stufe von Null bis zum Höchstwert exakt einstellen kann. Auf die Bedeutung dieses Widerstandes wird noch später eingegangen werden.

β) Impulsstufe

Eine Gruppe, bestehend aus einer EF 12 und einer EF 14 (Bild 87), bildet einen kathodengekoppelten Multivibrator für einen einmaligen Impuls mit steiler Impulsflanke. Die hohen Kathodenwiderstände bewirken eine starke

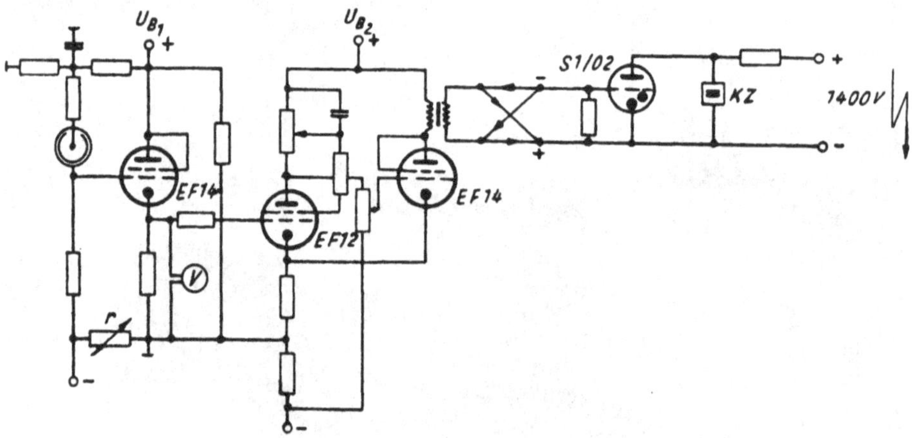

Bild 87. Äquidensitograph (Prinzipschaltbild des elektronischen Filters nach SCHUSTA)

Stromgegenkopplung, wodurch die Schaltung weitgehend unabhängig von Streuungen der Röhrendaten wird. Im Ruhezustand, d. h. bei kleiner Ausgangsspannung der vorhergehenden Stufen, führt nur das zweite Rohr dieser Gruppe (EF 14) Anodenstrom. Das Rohr EF 12 ist wegen der am Kathodenwiderstand auftretenden negativen Spannung verriegelt. Erreicht die Spannung am Gitter der EF 12 einen bestimmten Wert, beginnt in diesem Rohr ein Anodenstrom zu fließen, welcher über ein Potentiometer eine negative Gitterspannung am zweiten Rohr (EF 14) verursacht. Dadurch wird dieses Rohr verriegelt und der Anodenstrom des ersten Rohrs weiter erhöht. Das plötzliche Verschwinden des Anodenstromes der EF 14 induziert einen Spannungsstoß in der Sekundärwicklung des Ausgangstransformators dieser Röhre.

Verläuft die Spannungsänderung der Eingangsstufe in umgekehrter Richtung, also von großen zu kleinen Spannungswerten, so spielt sich der geschilderte Vorgang ebenfalls in der anderen Richtung ab, d. h. bei einem ganz bestimmten Wert der Spannung am Gitter der EF 12 kippt der Strom von der EF 12 auf die EF 14 impulsartig um. Der plötzliche Stromanstieg in der EF 14 induziert wieder am Ausgang einen Spannungsimpuls, nur mit umgekehrter Polarität. Ein im Ausgang zwischengeschalteter Gleichrichter kehrt die Spannungsrichtung um, und es entstehen bei beiden Kippvorgängen Spannungsimpulse gleicher Polarität, wie im Schaltbild angedeutet.

γ) Endstufe mit Kerrzelle

Der wesentliche Bestandteil der Endstufe ist die *Kerrzelle KZ*, ein elektrooptisches Bauelement, welches im spannungslosen Zustand bei gekreuztem Polarisator und Analysator kein Licht durchläßt [56]. Erhalten die beiden Platten der Zelle eine Spannung von ca. 1400 V, so wird die Anordnung für einen durchgehenden Lichtstrahl fast trägheitslos (in 10^{-7} Sek.) geöffnet. Vor der Kerrzelle befindet sich ein Thyratron, welches im Ruhezustand (Gitterspannung Null) stromführend ist und die Kerrzelle praktisch kurzschließt, d. h. der Lichtweg ist gesperrt. Kommt von der Impulsstufe ein negativer Spannungsstoß auf das Gitter des Thyratrons, wird das Thyratron stromlos, die Spannung von 1400 V liegt an den Platten der Zellen und der Lichtdurchgang ist freigegeben.

Die Betriebsspannung für alle drei Stufen liefert ein Netzgerät mit zwei elektronisch stabilisierten Spannungen U_{B1} und B_{B2}, einer Hochspannung (ca. 1400 V) und der erforderlichen Heizspannung für die Elektronenröhren, das Thyratron und die beiden Glühlampen (15 und 30 Watt).

Das Netzgerät erhält die Wechselspannung von einem magnetischen Spannungsgleichhalter. Die größtmögliche Konstanthaltung der Betriebsspannungen ist unbedingt erforderlich.

δ) Funktion

Nach Kenntnis der Wirkungsweise der einzelnen Stufen ist es nicht schwer, sich die Funktion der ganzen Anlage vorzustellen. Durch die Einstellung der beiden Potentiometer der Impuls-Stufe wird vorerst ein Zustand der Röhren hergestellt, welcher ein einwandfreies Kippen gewährleistet. Dadurch ist auch die am Gitter der ersten Röhre (EF 12) zum Kippen erforderliche Spannung festgelegt, die so lange konstant bleibt, solange die Stellung der Potentiometer, die Betriebsspannungen oder die Röhrendaten unverändert bleiben. Es wird also immer, wenn die Ausgangsspannung der Photozellenstufen einen bestimmten Wert annimmt, (anders ausgedrückt: wenn die Intensität des Lichtstrahls, der gerade vom Bildelement kommt, das vor dem Objektiv des Mikroskops vorbeizieht, einen durch die gewählte Äquidensite erzeugten Wert hat) ein negativer Spannungsstoß an das Gitter des Thyratrons (S1/0,2) abgegeben, wodurch die Spannung an der Kerrzelle absinkt, der vom Mikroprojektor kommende Lichtstrahl durchgelassen und als 0,1 mm starker Punkt auf der zweiten Platte abgebildet wird. Durch die Einstellung der eingangs erwähnten Widerstands-Dekade *r* kann die Ausgangsspannung der Photozellenstufe so beeinflußt werden, daß ein Kippen nur bei einem ganz bestimmten

Photostrom eintritt bzw. bei einem ganz bestimmten, vorher durch die Einstellung von r festgelegten *Schwärzungsgrad des Bildelementes.* Es wird also nur dann eine Punktabbildung auf der zweiten Platte erfolgen, wenn Punkte gleicher Schwärzung gerade unter dem Mikroskop erscheinen, und die Aneinanderreihung dieser Punkte ergibt die Äquidensiten. Es braucht also nur der Dekaden-Widerstand auf den der gewünschten Äquidensite entsprechenden Wert eingestellt zu werden, der zweckmäßig durch Filter bekannter Schwärzung meßtechnisch festgestellt und von Zeit zu Zeit nachgeprüft wird.

2. Ergebnisse der elektronischen Aufzeichnung

Im folgenden werden nun einige Beispiele von Ergebnissen des Versuchsgerätes besprochen.

Die ersten Versuche wurden mit einem photographischen Graukeil gemacht. Es ergab sich die jeweils gewünschte Äquidensite mit den zu erwartenden statistischen Schwankungen. Man kann grundsätzlich auch verschiedene Äquidensiten in einem Arbeitsgang gewinnen.

Bei der bisherigen Anordnung beträgt die Einstellungsgenauigkeit der Äquidensite 0,5% der Intensität; mit Hilfe eines Präzisionsspannungsteilers können zur Steuerung des Intensitätsbereichs die zur Verfügung stehenden 20 V auf 0,1 V unterteilt werden.

a) Photo

b) Elektronische Äquidensiten

c) Elektronische Äquidensiten

Bild 88. Kugelinterferenzen (vgl. Bild 7 auf S. 7)

Als weiteres Beispiel sei in Bild 88a ein Ausschnitt aus Kugelinterferenzringen (vgl. Bild 7) gebracht. Unterhalb dieses photographischen Bildes sind zwei Äquidensitenbilder des gleichen Ausschnittes gezeigt (Bild 88b, c). Die eine Äquidensite b) liegt an den beiden Flanken der Interferenzstreifen. Die andere Äquidensite c) ist so gewählt, daß sie gerade im Minimum der Schwärzung liegt; es gibt dort also nur eine Kurve je Interferenzring, die sich nur andeutungsweise entsprechend den örtlichen Verschiedenheiten aufspaltet; der innere Ring fällt ebenso wie die äußeren ganz weg, da die Minima dort nicht so tief liegen.

Auf den Bildern erkennt man die zeilenförmige Abtastung und punktförmige Struktur. Die zeilenförmige Abtastung des Originals bewirkt, daß bei Lage der Zeilen parallel zum Schwärzungsgradienten die Anzahl der erfaßten Details sinkt. Dies ist die Eigenschaft jeder Art von Bildzerlegung und würde sich auch in den eingangs gemachten Vorschlägen mit dem BRAUNschen Rohr wiederfinden. Man kann diesen Mangel, falls erforderlich, durch mehrere Aufnahmen beheben, die in verschiedenen Positionswinkeln der Originalplatte gemacht werden.

3) Vergleich mit dem photographischen und dem Schwärzungsplastik-Verfahren

Der grundsätzliche Nachteil des elektronischen Verfahrens bleibt die zeilenförmige Abtastung und die daraus resultierende Beschränkung der Bildelemente. Dadurch kann der Informationsgehalt des Originals niemals ganz ausgeschöpft werden. Für viele Zwecke einer Schnellphotometrie ist es jedoch durchaus hinreichend, z. B. zur Photometrierung von Beleuchtungsverteilungen. Es ist aber lediglich eine Frage des Aufwandes, diese Abtastung beliebig fein zu machen und dadurch dem photographischen Verfahren nahezukommen.

Das elektronische Verfahren ermöglicht sofort, die Äquidensite auf eine vorher gewählte Schwärzung zu legen; dies ist bei den dioptrisch-photographischen Verfahren im allgemeinen von verschiedenen schwer beherrschbaren Umständen abhängig, denn am leichtesten ergeben sich die Äquidensiten in der Nähe großer Gradienten.

Darüber hinaus ermöglicht das elektronische Verfahren, eine ganze Schar von Äquidensiten auf vorher gewählte Schwärzungen zu legen; dies ist bei den dioptrisch-photographischen Verfahren nur in mehreren Schritten zu erreichen. Das Schwärzungsplastik-Verfahren liefert ebenfalls Äquidensitenscharen, jedoch begegnet die Anwendung bei großen Flächen praktischen Schwierigkeiten.

Während die dioptrisch-photographischen und das Schwärzungsplastik-Verfahren von vornherein *zweidimensional* arbeiten, sind alle elektronischen Verfahren primär *eindimensional*; sie müssen erst durch eine Vielzahl von Zeilen nach der zweiten Dimension hin erweitert werden.

VII. Mehrstrahlinterferenzen und Äquidensiten

1. Zweistrahl- und Mehrstrahlinterferenzen

Das Mehrstrahlinterferenzverfahren hat in der technischen Oberflächenprüfung in den letzten Jahren überall Eingang gefunden. Insbesondere war es TOLANSKY [6], der durch die Entwicklung seiner Technik und durch seine erfolgreichen Arbeiten sehr zur Verbreitung der Methode beigetragen hat. Die Interferenzstreifen werden heute schon auf extreme Schärfe gezüchtet. Je

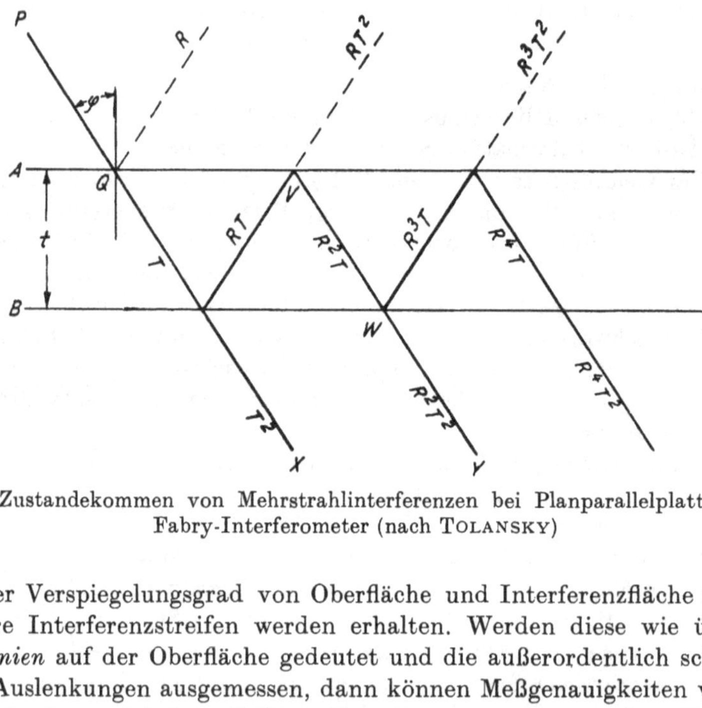

Bild 89. Zustandekommen von Mehrstrahlinterferenzen bei Planparallelplatten, Perot-Fabry-Interferometer (nach TOLANSKY)

höher der Verspiegelungsgrad von Oberfläche und Interferenzfläche ist, desto schmalere Interferenzstreifen werden erhalten. Werden diese wie üblich als *Niveaulinien* auf der Oberfläche gedeutet und die außerordentlich scharf definierten Auslenkungen ausgemessen, dann können Meßgenauigkeiten von $\lambda/200$ bis $\lambda/1000$, also molekulare Größenordnungen, angegeben werden. Es ist klar, daß die Zweistrahlinterferenzverfahren, bei denen Meßgenauigkeiten von $\lambda/20$ oder höchstens $\lambda/60$ erreicht werden [22], bei der Oberflächenprüfung in letzter Zeit mehr in den Hintergrund getreten sind. In den Bildern 2, 3 und 4 dieses Buches ist der Unterschied zwischen Zwei- und Mehrstrahlinterferenzen bereits gezeigt worden. Hierzu sind von KRUG einige grundsätzliche Überlegungen angestellt worden[^{c0}]. Die Verhältnisse, welche beim Zustandekommen der Mehrstrahlinterferenzen herrschen, sind nämlich durchaus nicht so einfach und durchsichtig wie bei den Zweistrahlinterferenzen. Während nämlich bei einem Zweistrahlinterferometer (z. B. Interferenzmikroskop nach dem MICHELSON-Prinzip) jeder Punkt der Oberfläche mit der Vergleichsfläche verglichen wird, also eine saubere Trennung zwischen Beobachtungs- und Vergleichsstrahlengang erzielt wird, ist dies bei Mehrstrahlinterferometern (z. B. Interferenzmikroskop nach dem TOLANSKY-Prinzip) keineswegs der Fall. Hier wird jeder Punkt der mehr oder weniger durchlässig verspiegelten Vergleichsplatte mit einer ganzen Anzahl von Punkten der Oberfläche verglichen (und umgekehrt). Je nachdem,

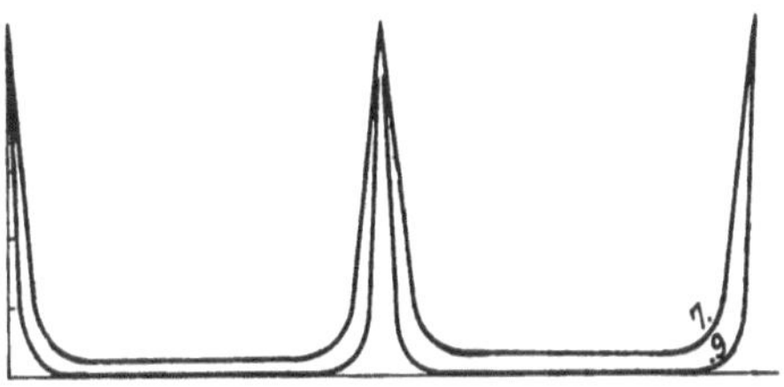

Bild 90. Intensitätsverlauf von Mehrstrahlinterferenzen in Abhängigkeit vom Verspiegelungsgrad (nach TOLANSKY)

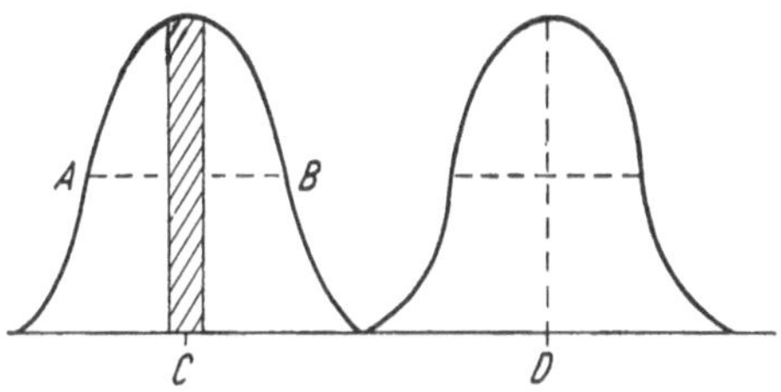

Bild 91. Intensitätsverlauf von Zweistrahlinterferenzen (nach TOLANSKY)

wie viele Strahlen oder Reflexionen beim Zustandekommen der Interferenzerscheinung mitwirken, wird ein mehr oder weniger großer Bereich der Flächen benötigt, und es tritt natürlich eine Art Mittelung über den Oberflächenbereich ein. Wir vergegenwärtigen uns in Bild 89 die Verhältnisse beim Zustandekommen von Mehrstrahlinterferenzen innerhalb einer planparallelen Platte; man sieht das Zusammenwirken einer größeren Anzahl von Teilstrahlen aus einem parallelen Bündel. Die Gesamtwirkung der parallelen Strahlen ist abhängig vom Verspiegelungs- und Durchlässigkeitsgrad der beiden beteiligten Flächen; nach der AIRYschen Summationsformel ergibt sich bekanntlich ein steiler Intensitätsverlauf der so entstehenden Interferenzstreifen. Wie in Bild 90 dargestellt, ist dieser Verlauf um so steiler, je höher der Verspiegelungsgrad ist. Im Gegensatz hierzu ist der Intensitätsverlauf der Zweistrahlinterferenzen mehr sinusförmig (Bild 91) und die Lokalisierung des breiteren Maximums wesentlich ungenauer. Ein Beispiel für die scharfen Streifen an einer PEROT-FABRY-Platte gibt Bild 92. Diese Streifen, die im Unendlichen liegen, sind jedoch für die Oberflächenprüfung nicht brauchbar, da sie mit der technischen Oberfläche nicht gleichzeitig gesehen werden können. TOLANSKY hat daher für sein Verfahren die *Mehrstrahlkeilinterferenzen* benutzt, deren Zustandekommen in Bild 93 angedeutet ist. Im Gegensatz zur planparallelen Platte sind hier die einzelnen Strahlen nicht mehr phasengleich; weiterhin ist es klar, daß bei Interferenz im Punkte D der n-te Teilstrahl um so weiter vom ersten Strahl entfernt auf die Keilfläche fallen muß, je größer der Keilwinkel θ und je größer die Keildicke d ist. Der Bereich a der

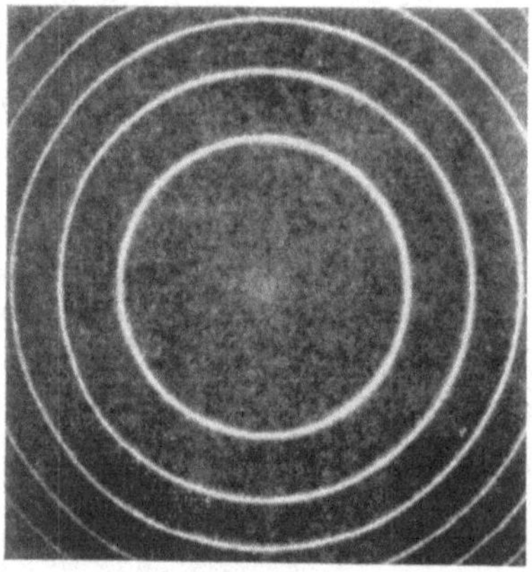

Bild 92. Planparallelitätsringe in PEROT-FABRY-Platten

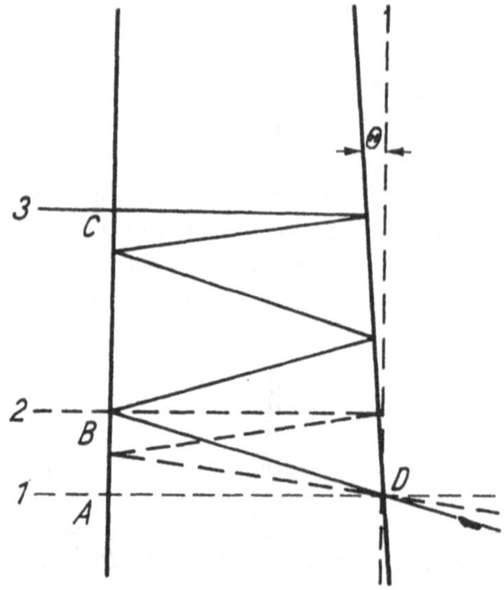

Bild 93. Zustandekommen von Mehrfachkeilinterferenzen (nach TOLANSKY)

Oberfläche, der beim Zustandekommen der Interferenzerscheinung mitwirkt, ist um so größer, je größer n, θ, d sind. Der funktionelle Zusammenhang $a = f(n, \theta, d)$ ist einigermaßen kompliziert; es soll darauf verzichtet werden, die genaue Formel hier anzugeben, da sie praktisch doch nicht brauchbar ist. Wir haben es nämlich bei der Oberflächenprüfung nicht mit idealen Keilflächen, sondern mit *technischen Oberflächengebirgen* zu tun, die durch unbekannte Streuungswinkel den Zusammenhang noch komplizieren; dazu kommt weiter, daß bei jeder Beobachtungsoptik eine gewisse Apertur wirksam ist, die ihrerseits auch wieder eine Komplizierung der Verhältnisse mit sich bringt und den beteiligten Oberflächenbereich vergrößert. Wir können jedoch eine sichere Angabe machen: Wenn A die Beobachtungsapertur ist und mit λ/A das Auflösungsvermögen der benutzten Optik charakterisiert wird, dann muß $\lambda/A > a$ bleiben, wenn die beobachtete

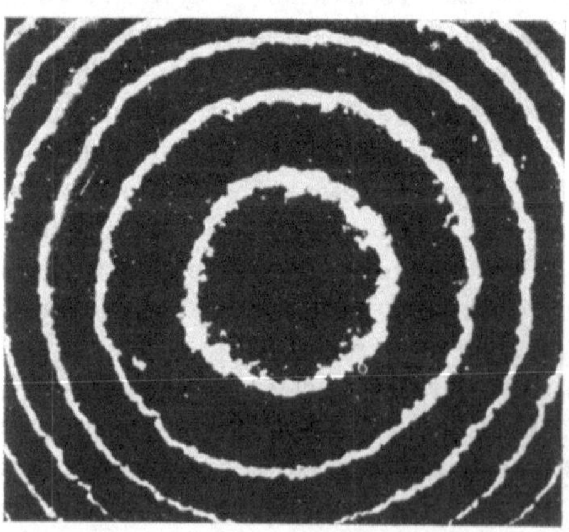

Bild 94. Newtonsche Ringe mit Mehrstrahlinterferenzen (nach TOLANSKY)

Interferenzlinie über den topographischen Inhalt einer Oberfläche noch etwas aussagen soll. Wenn $\lambda/A < a$, so werden die Interferenzstreifen keine topographischen Einzelheiten erfassen, da eine Verwischung über das ganze von der Optik aufgelöste Gebiet a auftritt. Wenn θ und d rasch anwachsen, also z. B. bei Aufnahmen NEWTONscher Ringe, ist dies sehr deutlich zu sehen. In Bild 94 ist die Abnahme der Details vom zentralen Fleck nach außen sehr deutlich, die Interferenzlinien höherer Ordnung werden immer ruhiger. Dies ist bei den Zweistrahlinterferenzen nicht zu bemerken (vgl. Bild 2 auf S. 3).

2. Der Informationsgehalt von Interferenzen

Zum Studium dieser Unterschiede eignet sich ein Interferenzbild (Bild 95), das von PERTHEN [29] vor einigen Monaten veröffentlicht wurde. Es handelt sich hier um ein Werksphoto der Fa. JOHANSSON, die so freundlich war, einen Originalabzug zur Verfügung zu stellen. Nach Angabe der Firma ist die Aufnahme mit einem Mehrstrahlinterferometer bei 75facher Vergrößerung in der Weise gemacht worden, daß die Interferenzplatte nur zur Hälfte verspiegelt war (9). Auf der einen Hälfte der Kugelaufnahme entstehen Zweistrahlinterferenzen, auf der anderen, durch die verspiegelte Hälfte der Platte, Mehrstrahlinterferenzen; eine Verspiegelung der Kugelfläche erfolgte nicht. Die Aufnahme wurde hergestellt, um zu zeigen, wieviel schmaler und daher besser ausmeßbar die Mehrstrahlinterferenzen gegenüber den verwaschenen Zweistrahlinterferenzen sind. Hier ist es jedoch zweckmäßiger, nach dem Informationsgehalt der beiden Aufnahmehälften zu fragen. Da anzunehmen ist, daß die Rauhigkeit über die Kugeloberfläche gleich verteilt ist, müßten die Auslenkungen in ihren Details für beide Teile dem Betrage nach im Mittel gleich sein. Dem Augenschein nach ist dies wohl nicht der Fall: Während nämlich die Zweistrahlinterferenzen z. B. in Richtung der Politurspuren über die ganze Fläche etwa die gleiche Unruhe aufweisen, nimmt diese für die Mehrstrahlinterferenzen vom zentralen Fleck weg rasch ab. Nach dem vorher Gesagten ist zwar kein anderes Ergebnis zu erwarten, es soll jedoch einmal versucht werden, zu absoluten Meßwerten zu kommen. In solchen Fällen haben sich die Äquidensiten als Auswertungsmittel sehr gut bewährt. Wendet man das Äquidensitenverfahren nun auf Bild 95 an, dann wird das Bild 96 erhalten. Hier fällt sofort auf, daß auch im Mehrstrahlteil der Aufnahme mehr Einzelheiten zu erkennen sind als früher. Die Ausmessung ergibt im Zweistrahlteil eine mittlere Oberflächenrauhigkeit von $\lambda/10$, gleichgültig, welche Äquidensite zur Ausmessung verwendet wird. Im Bereich der Mehrstrahlinterferenzen ergibt sich im zentralen Fleck etwa die gleiche Oberflächenrauhigkeit von $\lambda/10$. Diese scheint jedoch in Richtung der Rillen sehr schnell abzunehmen und erreicht im Bereich der ersten beiden Ordnungen nurmehr $\lambda/50$. Normal auf die Richtung der Politurrillen sind die Äquidensiten überhaupt völlig glatt und die scheinbaren Rauhigkeiten mit $\lambda/200$ und darunter anzugeben. Es ist völlig klar, daß sich die Ergebnisse der beiden Aufnahmehälften miteinander nicht vereinbaren lassen, nur eines der beiden Ergebnisse

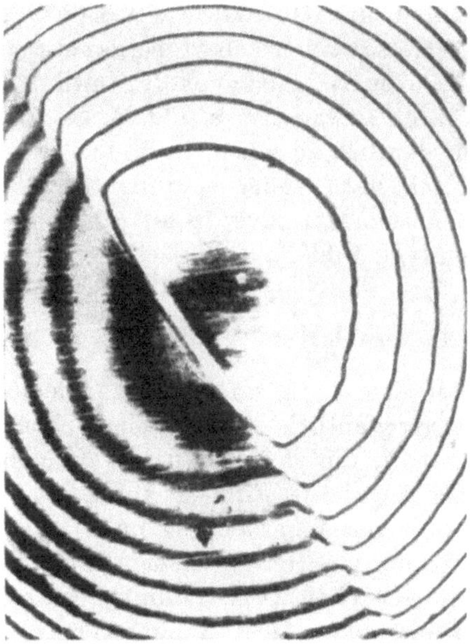

Bild 95. Interferenzbild einer Kugelfläche mit Zwei- und Mehrstrahlinterferenzen (nach JOHANSSON, Schweden)

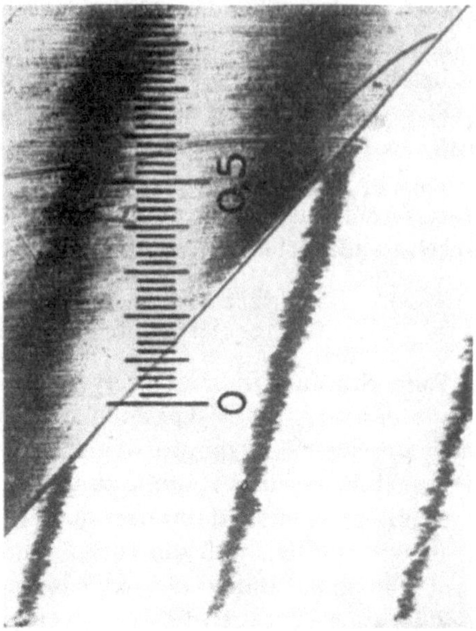

Bild 97. Interferenzbild einer Endmaßfläche mit Zwei- und Mehrstrahlinterferenzen (nach JOHANSSON)

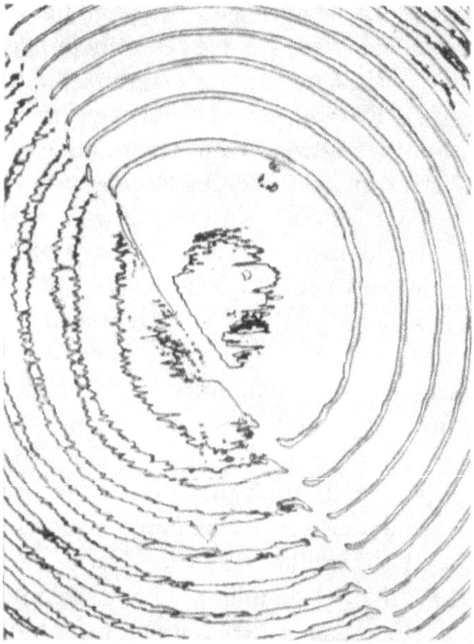

Bild 96. Äquidensiten zu Bild 95

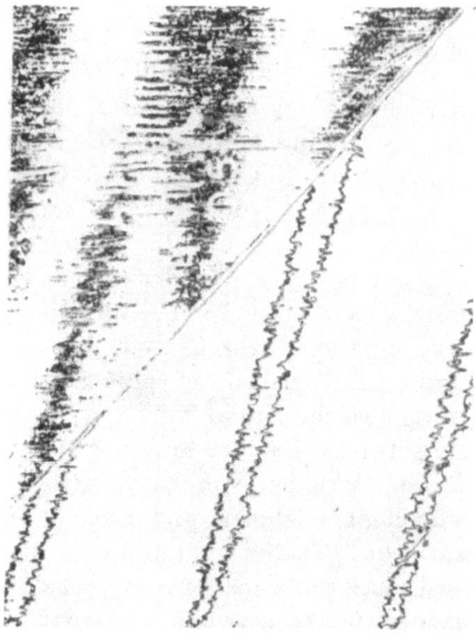

Bild 98. Äquidensiten zu Bild 97

kann das richtige sein, und die eingangs gemachten Überlegungen über die experimentellen Tatsachen zeigen, daß die Mehrstrahlinterferenzen bei solchen Kugeloberflächen zu illusorischen Werten führen: die Oberflächenrauhigkeit wird zu gering gemessen. Die Verschärfung der Streifen bringt also keine Verbesserung in der Auswertung, wenn nicht gleichzeitig einige sehr wesentliche Punkte in der Technik der Mehrstrahlverfahren beachtet werden, die übrigens auch von TOLANSKY [6], EDENHOLM und INGELSTAM [28] z. T. angegeben, aber sehr wenig beachtet werden. Dies zeigt sich z. B. auch bei Aufnahmen ebener Flächen. Auch das Bild 97 ist ein Werksphoto von JOHANSSON, in gleicher Weise wie Bild 95 gewonnen, jedoch von einer ebenen Endmaßoberfläche stammend. Auch hier ergibt das Äquidensitenbild (Bild 98), daß der Informationsgehalt der beiden Aufnahmehälften gänzlich verschieden ist. Die Ursache liegt offenbar in einem zu großen Keilwinkel. Bei einer so hohen Zahl von beteiligten Reflexionen n müssen Keilwinkel und Keildicke notwendig sehr klein sein. Eine größenordnungsmäßige Durchrechnung für die benutzte Apertur ergibt, daß hier die Keildicke noch unter 0,1 μ liegen müßte, um reelle Werte für die Oberflächenrauhigkeit zu erhalten, was wohl kaum zu verwirklichen ist.

Auf Grund der hier gezeigten Beispiele und angestellten Überlegungen können Mehrstrahlinterferenzen nur unter ganz bestimmten, genau einzuhaltenden Bedingungen für die Oberflächenprüfung verwendet werden. Alle bei den Interferometern auftretenden Größen, wie Keilwinkel, Keildicke, Reflexionsgrad und benutzte Apertur, verschlechtern die Bedingungen und wirken dem Ziel, genaue Oberflächenrauhigkeiten zu erhalten, entgegen, und zwar alle proportional im selben Sinne. Die gemeinhin diskutierten Mehrstrahlinterferogramme bestechen zwar durch ihre Linienfeinheit, haben jedoch in den meisten Fällen keinerlei metrologischen Wert.

Im Gegensatz hierzu zeigen sich bei den Zweistrahlinterferenzen durchsichtigere Verhältnisse, weit unabhängiger von der Art des Oberflächengebirges, der Keildicke, dem Keilwinkel und der Apertur. In dem breiten Intensitätsverlauf der Streifen bleiben im Rahmen des durch die Apertur bedingten Auflösungsvermögens alle Einzelheiten der Oberflächentopographie erhalten, wenn auch die ohne weiteres erzielten Meßgenauigkeiten nur $\lambda/20$ betragen. Wie jedoch gezeigt wurde, können mittels der Äquidensiten die Meßgenauigkeiten ohne weiteres auf $\lambda/200$ und noch mehr gesteigert werden.

3. Anwendung der Äquidensiten auf Mehrstrahlinterferenzen

Es könnte nun der Anschein erweckt werden, als ob das Äquidensitenverfahren auf Zweistrahlinterferenzen beschränkt ist. Das ist, wie man von vornherein sagen kann, nicht der Fall [31]. Die Methode verliert lediglich dann ihre Anwendungsmöglichkeit, wenn man schon bei der Primäraufnahme extrem scharfe Linien von etwa 0,01 bis 0,02 mm Strichstärke hat; dann befindet man sich auf den Flanken dieser Linien in Bereichen, die für das Äquidensitenverfahren kaum noch zugänglich sind (s. Abschn. II, 6). In den Veröffentlichungen von RASMUSSEN [32] und TOLANSKY [6] sind meist diejenigen

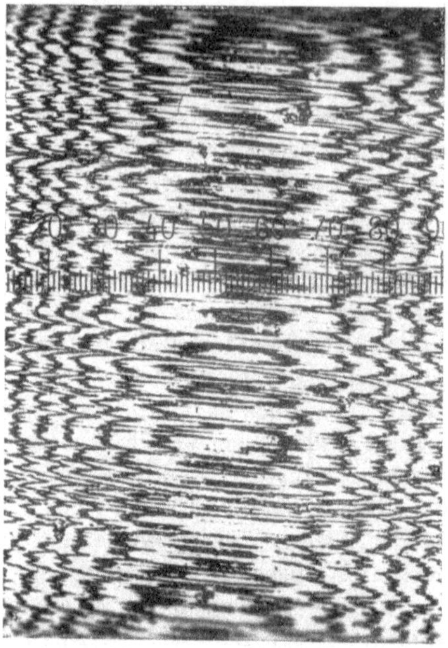

Bild 99. Mehrstrahlinterferenzen auf einem geschliffenen Metallzylinder

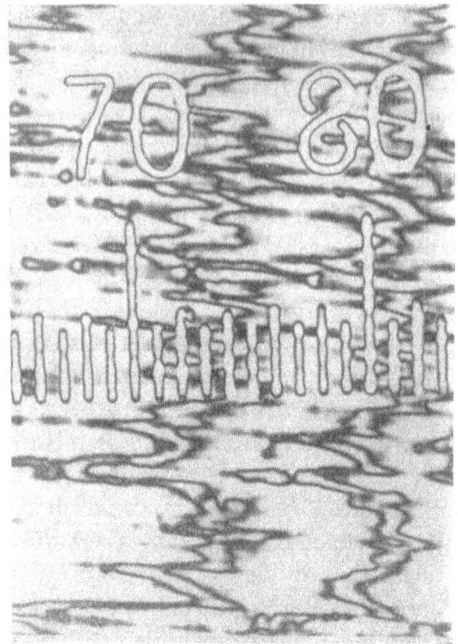

Bild 101. Äquidensiten 1. Ordnung von Bild 100

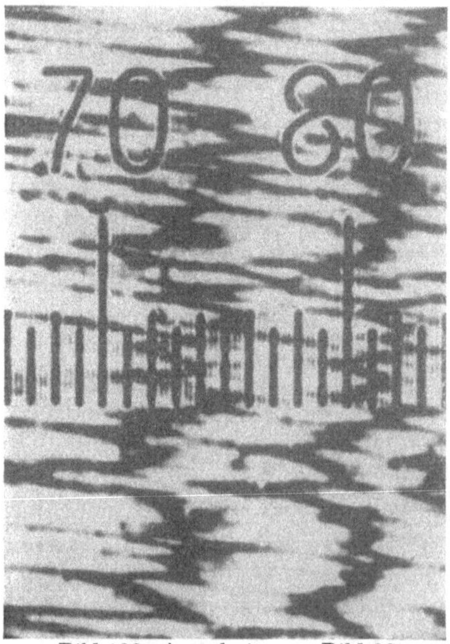

Bild 100. Ausschnitt aus Bild 99

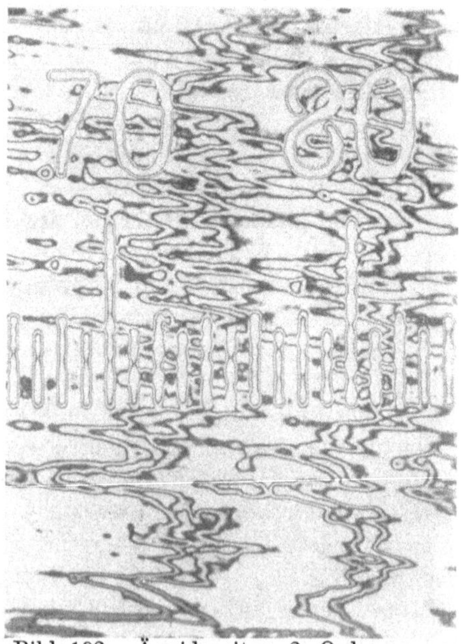

Bild 102. Äquidensiten 2. Ordnung von Bild 100

Bild 103. Mehrstrahlinterferenzen auf einer polierten Metallfläche

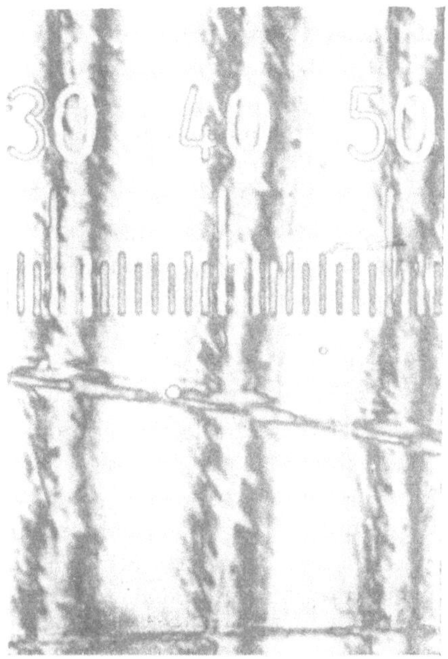

Bild 105. Äquidensiten 1. Ordnung von Bild 103

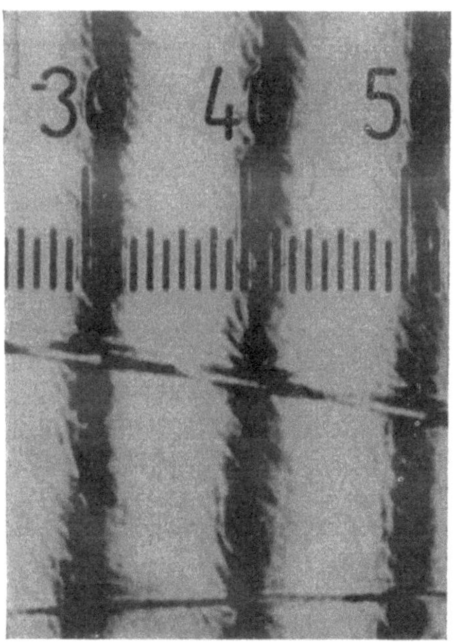

Bild 104. Ausschnitt aus Bild 103

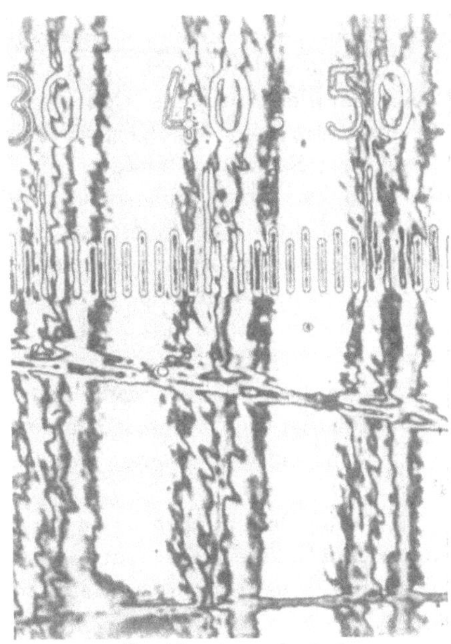

Bild 106. Äquidensiten 2. Ordnung von Bild 103

Aufnahmen reproduziert, bei denen die entstandenen Interferenzlinien extrem scharf sind. In der Praxis ist dies nicht immer leicht zu erreichen und, wie bereits gezeigt, auch metrologisch oft wertlos. Wenn man die erhaltenen Interferenzen mit Äquidensiten auswerten will, so erscheint es sogar vorteilhaft, die Linien etwas breiter zu machen, so daß sie eine Halbwertsbreite von 0,1 bis 0,2 mm haben. In diesen Fällen lassen sich gut Äquidensiten durch das erhaltene Bild herstellen, die dann ihrerseits bis zur gewünschten Schärfe in der 1. oder 2. Ordnung zu züchten sind; hierbei ist natürlich darauf zu achten, daß der Informationsgehalt nicht abermals durch extreme Härte und Schärfe eingeschränkt wird, wie in den Ausführungen des Abschn. II, 6 gezeigt wurde. Man hat auf diese Weise den Vorteil, aus einer Ordnung mehrere Linien nebeneinander zu erhalten; man bedeckt also ein größeres Feld des zu untersuchenden Gegenstandes mit Interferenzlinien.

Im folgenden soll nun an zwei Beispielen die Anwendbarkeit dieses Verfahrens bewiesen werden.

Es wurden zwei Mehrfachinterferenzaufnahmen verwendet, die Dr. Lippert (VEB Zeiss, Jena) hat herstellen lassen. Die Bilder 99 und 100 zeigen eine Aufnahme ohne Äquidensiten in zwei verschiedenen Vergrößerungen. Zehn Skalenteile entsprechen 57μ am Objekt. Stellt man nun von Bild 100 Äquidensiten her, so erhält man in der ersten Stufe Äquidensiten nach Bild 101, in der zweiten solche nach Bild 102. Während man ohne Äquidensiten lediglich eine Strichstruktur in dem Interferenzbild feststellen kann, ergibt sich aus Bild 101, daß die erhaltenen Interferenzen an den Flankenstellen, wo die Kurven gleicher Schwärzung gezogen sind, keineswegs parallele Linien aufweisen, sondern daß diese Linien vielfach sogar gegenläufig verlaufen, jedenfalls nur in seltenen Fällen parallel sind. Die Deutung dieses Phänomens ergibt, daß über der Strichstruktur noch eine Kornstruktur überlagert ist, daß also bei dem Schleifprozeß zwar Rillen entstanden sind, aber diese wiederum eine körnige Struktur aufweisen. Bei den Äquidensiten 2. Stufe kann man diesen Prozeß noch weiter verfolgen, jedoch sind in diesem Fall immer schon Bereiche zu erkennen, in denen die Parallelität der Äquidensiten 2. Stufe gewahrt ist. Das heißt, in diesen kleinen Abständen ist keine körnige Struktur mehr zu erkennen. In Bild 103 bis 106 ist eine Fläche untersucht, die auf eine andere Weise hergestellt worden ist. In Bild 103 sieht man die normale Interferenzaufnahme, die eine etwas flockige Struktur aufweist; Bild 104 zeigt einen vergrößerten Ausschnitt daraus. In Bild 105 und 106 ist diese letztere Aufnahme mit Äquidensiten 1. und 2. Stufe durchzogen, und man erkennt nun die eigentümlich unregelmäßige Struktur der Oberfläche.

Aus diesen Darlegungen ist zu ersehen, daß man in der Tat mit dem Äquidensitenverfahren eine Auswertung der Interferenzaufnahme erhält, die weit über die gewöhnliche Mehrstrahlinterferenz hinausgeht. Die Schärfe der Äquidensiten 2. Stufe kann bis an die Grenze der photographischen Leistungsfähigkeit gebracht werden, d. h. ihr Ort dürfte je nach den besonderen Verhältnissen auf mindestens $^1/_{100}$ mm der Originalaufnahme definiert sein.

VIII. Schlußwort

Die *eindimensionale* Photometrie der photographischen Platte hat für die Wissenschaft auf den verschiedensten Gebieten eine ungeheure Bedeutung gewonnen. Die hierzu notwendigen Verfahren sind verhältnismäßig einfach und technisch leicht realisierbar. Demgegenüber ist die *zweidimensionale* Photometrie als dringendes Bedürfnis zwar anerkannt worden, aber die Verfahren hierfür sind im allgemeinen sehr umständlich und unbefriedigend. In der *Äquidensitometrie* bietet sich ein einfaches Verfahren an. Jedes Photogramm stellt ein Schwärzungsgebirge dar, das, ähnlich wie eine Landschaft durch *Isohypsen* (Niveaulinien), durch *Äquidensiten* dargestellt werden kann. Die Anwendung der Äquidensitometrie ermöglicht also eine Erschließung des Informationsgehaltes von Bildern in einer bisher nur ganz selten angewendeten Form. Die Zuordnung photometrischer Werte zu Bildern bietet ganz neue Möglichkeiten für die Auswertung von Photogrammen auch in solchen Fällen, wo eine Auswertung bisher lediglich dem Auge mit seinen Unvollkommenheiten überlassen blieb. Die Verfasser glauben, in den verschiedenen Abschnitten dieses Buches gezeigt zu haben, daß solche Schnitte durch das Schwärzungsgebirge, wie sie die Äquidensiten darstellen, ein gutes Hilfsmittel sind, um den Informationsgehalt von Bildern auszuwerten. Die photographische Platte erwies sich dabei wiederum als ein erstaunlich brauchbares Meßgerät; freilich traten hierbei auch die Grenzen der Leistungsfähigkeit der photographischen Platte zutage. Die Grenzen der Äquidensitometrie liegen genau da, wo in einem Flächenelement die Definition der Schwärzung aufhört bzw. unsicher wird.

Die Verfasser hoffen, durch das vorliegende Material der Forschung ein neues Hilfsmittel geboten zu haben.

IX. Anmerkungen

(1) Es sei in diesem Zusammenhang auf die Prüfung von reflektierenden Oberflächen mittels Interferenzen gleicher Dicke (FIZEAU-Streifen) hingewiesen. Vgl. z. B. [28, 29, 34, 43, 44] sowie die Bemerkungen über Interferenzmikroskopie bzw. Mikrointerferenz in Abschn. II. B auf S. 22 dieses Buches.

(2) Arbeiten über die Theorie und Anwendung des SABATTIER-Effekts finden sich auch in der ausländischen Literatur; der gebräuchliche Ausdruck in der englischen Sprache ist *solarization* bzw. *quasi-solarization*. In der Praxis angewendet wurde der Effekt bisher lediglich für Zwecke der Photomontage [54]; vgl. hierüber den Aufsatz „Photographik" von F. FIEDLER (Photo-Magazin Febr. 1953, S. 38).

(3) Der ROSS-Effekt ist ein Gelatineeffekt, der auch von der Art des benutzten Entwicklers abhängt. Die Gelatine wird an den geschwärzten Stellen durch Entwickler-Oxydationsprodukte mehr oder weniger gegerbt; diese Stellen trocknen schneller als die klaren und ziehen sich dabei zusammen [45]. Vgl. auch F. E. ROSS Astrophys. J. *52*, 98 (1920), *53*, 349 (1951).

(4) Die Formel ist von KIND aus theoretischen Überlegungen über die Schichtung und Überdeckung von Kornschichten durch ein quadratisches Glied ergänzt worden, das naturgemäß erst bei größeren Schwärzungen zur Wirkung kommt.

(5) Anmerkung bei der Korrektur:
W. KLEBER [52] empfiehlt die Anwendung der Äquidensiten auf DEBYE-SCHERRER-Diagramme (Röntgeninterferenzen) in der Kristallographie zur Erhöhung der Meßgenauigkeit.

(6) In der Durchlichtschaltung des genannten Interferenzmikroskops wird an Stelle des kleinen MICHELSON-Interferometers (S. 22) ein kleines MACH-ZEHNDER-Interferometer unter dem Objektiv benutzt. Die MACH-ZEHNDER-Interferenzen werden in diesem Interferometer erzeugt und von dem durchsichtigen Kristall in ihrer Form beeinflußt.

(7) Das zweite System von Interferenzen entsteht innerhalb des Kristalls durch Zusammenwirken des durch den Kristall hindurchgehenden mit dem zweimal reflektierten Strahl.

(8) Die abgebildeten Äquidensitenscharen wurden technisch folgendermaßen hergestellt: Von den Bildern 74a und 75a sind je zwei Äquidensiten 1. Stufe in verschiedenen Schwärzungsbereichen erhalten worden; diese wurden gemäß dem in Abschn. II. A, 5 dargelegten Verfahren auf weichem Material erzeugt, um möglichst weitauseinanderliegende Äquidensiten höherer Ordnung zu gewinnen. Die Bilder 75b und 75c zeigen Äquidensiten 3. Stufe, also je vier Kurven, die verschiedenen Schwärzungsbereichen angehören, entsprechend den beiden unterschiedlichen Ausgangsäquidensiten. In Bild 74b wurden die zwei Bilder verschiedener Äquidensiten 3. Stufe in ein Bild übereinanderkopiert und dadurch acht Kurven zur Darstellung gebracht.

(9) Mehrstrahl-Interferometer arbeiten ausschließlich mit *reeller* Vergleichsfläche (Keilfläche).

X. Literatur

Die mit * bezeichneten Arbeiten über Äquidensitometrie sind mit ihrem wesentlichen Inhalt, soweit sie nicht durch neuere Ergebnisse überholt sind, in dieses Buch eingearbeitet worden; es ist daher nicht erforderlich, diese Arbeiten zum Studium eigens heranzuziehen.

[1] M. M. JOBIN, YVON, Equidensitomètre. Rev. d'opt. *13*, 179 (1934).

[2] R. SEWIG, Photogr. Photometrie mit der Kleinbildkamera. Photogr. u. Forschung *3*, 277 (1939).

*[3] W. KRUG u. E. LAU, Die Äquidensitometrie, ein neues Meßverfahren für Wissenschaft und Technik. Feingerätetechn. *1*, 391 (1952).

[4] F. E. FOWLER, D. S. JOHNSON und D. E. BILLIGS, An Isophotal Contour Densitometer. J. Opt. Soc. Am. *43* I, 63 (1953).

[5] E. GEHRCKE u. E. LAU, Über Erscheinungen beim Sehen kontinuierlicher Helligkeitsverteilungen. Z. f. Sinnesphysiologie *53*, 351 (1921).
E. LAU, Kontrast und räumliches Sehen. Z. f. Arbeitspsychologie *11*, 117 (1938).

[6] S. TOLANSKY, Multiple-beam Interferometry of surfaces and films, Oxford 1948. The microstructures of diamond surfaces. NAG. Press Ltd., London 1955.

[7] U. ZORLL, Die Genauigkeitsgrenze der Dickenmessung von dünnen Schichten usw. Optik *9*, 449 (1952).
G. C. MÖNCH, O. BÖTTGER, U. ZORLL, Längenmessung und Brechzahlbestimmung mit Lichtinterferenzen. Fachbuchverlag, Leipzig 1954, S. 90.

[8] E. LAU u. J. JOHANNESSON, Das Optimum der Detailwiedergabe der photographischen Schichten. Phys. Z. *35*, 505 (1934).

*[9] E. G. KIND, Photographische Herstellung von Äquidensiten. Arbeitstagung Optik, Jena 1954, Dtsch. Verlag der Wiss. Berlin 1954, S. 117.

[10] M. SCHIEL, Tontrennungsverfahren. Verlag W. Knapp, Halle (Saale) 1951, S. 57.

[11] W. URBAN, Beiträge zur Praxis der gerichtlichen Photographie. Jahrb. d. Photogr. und Reprod.-Techn. *25*, 186 (1911).

[12] O. CROY, Photomontage. Verlag W. Knapp, Halle (Saale) 1950, S. 83.

[13] H. ARENS, Über die Theorie des SABATTIER-Effektes. Z. f. wiss. Photographie *44*, 44, 51, 172 (1949); *45*, 1 (1950).

*[14] G. SCHULZ, Das Streulichtverfahren der Äquidensitometrie. Feingerätetechnik *2*, 167 (1953).

*[15] E. LAU, J. RIENITZ, G. ROOSE, Die Intensitätsverteilung von Zweistrahlinterferenzen und die Äquidensiten. Feingerätetechn. *2*, 101 (1953).

[16] M. v. LAUE, Hb. d. Exp. Phys. *18*, Leipzig 1928, S. 215, 223; vgl. dagegen E. MACH, Erkenntnis u. Irrtum, 4. Aufl. Leipz. 1920, Art. „Die Hypothese", Abschn. 16.

[17] E. SCHULT, Intensitätsmessungen an Interferenzerscheinungen (nebst Untersuchung stehender Lichtwellen). Ann. d. Phys. (4) *82*, 1025 (1927).

[18] F. HUND, Einführung i. d. theoret. Physik, Bd. III, Optik (2. Aufl. Leipzig 1951) S. 59ff.

*[19] E. LAU, Die Äquidensiten in der Verwendung für spektroskopische Photometrie. Exp. Techn. d. Phys. *1*, 199 (1953).

*[20] W. KRUG, Das Äquidensitenverfahren. Arbeitstagung Optik, Jena 1954. Dtsch. Verlag der Wiss. Berlin 1954, S. 112.
Die Anwendung des Äquidensitenverfahrens in der Feinmeßtechnik. Feingerätetechnik *3*, 387 (1954).

[21] E. LAU, Über die Anwendung des Dupligrammverfahrens zur Prüfung und Messung sphärischer Flächen. Feingerätetechn. *3*, 431 (1954).

[22] K. RÄNTSCH, Grundsätzliches zur Interferenzmikroskopie. Werkstattstechnik u. Werksleiter *42*, 434 (1952).

[23] G. SCHULZ, Dickenmessung dünner Objekte im Auflicht-Interferenzmikroskop. Die Naturwiss. *43*, 31 (1956).
Bestimmung von Dicke und räumlicher Gestalt nach dem Zwei-Seiten-Verfahren. Optik *13*, 404 (1956).

[24] G. SCHULZ, Brechungsindexbestimmung im Interferenzmikroskop am Beispiel des CdS. Naturwiss. *41*, 525 (1954).

[25] L. LAUENSTEIN, Über räumliche Wirkungen von Licht und Schatten. Psychol.Forsch. *22*, 136 (1938).

*[26] R. LEHMANN und A. WIEMER, Die Anwendung von Äquidensiten bei der Profilprüfung. Feingerätetechn. *2*, 171 (1953).

[27] H. SCHWIEGER und G. HABERLAND, Die Anwendung der Äquidensiten in der Spannungsoptik. Bauplanung u. Bautechnik *9*, 71 (1955), u. Feingerätetechn. *5*, 65 (1956) u. Wiss. Z. Univ. Halle, Math.-Nat. *4*, 853 (1955).
H. SCHWIEGER und G. HABERLAND, Die photographische Darstellung von Schubgleichen unterhalb der 1. Isochromatenordnung bei spannungsoptischen Versuchen. Z. f. angew. Phys. *8*, 350 (1956).

[28] B. EDENHOLM und E. INGELSTAM: Some recent advances in interferometric study of surface shape. I. V. A., Stockholm (Ing.-wiss. Archiv) 25 (1954): 5, 194.
E. INGELSTAM, An optical uncertainty principle and its application to the amount of information obtainable from multiple-beam interferences. Arkiv för fysik *7*, 309 (1953).

[29] J. PERTHEN, Die Oberflächen-Feingestalt. Z. VDI, *96*, 855 (1954).

*[30] W. KRUG, Bessere Wiedergabe der Oberflächenstruktur durch Zweistrahl- als durch Mehrstrahlinterferenzen. Feingerätetechnik, *4*, 167 (1955).
Mehrstrahlinterferenzen und Äquidensiten. Optik *13*, 25 (1956).

*[31] E. LAU, Anwendung der Äquidensiten bei Mehrstrahlinterferenzen. Feingerätetechnik *2*, 497 (1953).

[32] E. RASMUSSEN, Kgl. dansk-Videnskabernes Selskab Meddeel ser. 23, 3 (1945).

[33] G. SCHMALTZ, Techn. Oberflächenkunde, Springer-Verl. Berlin 1936.

[34] W. KRUG und E. LAU, Interferenzmikroskop für Durch- und Auflicht. Ann. d. Phys. (6) *8*, 329 (1951). Die Technik *6*, 122 (1951).
W. KRUG, Das Interferenzmikroskop, ein modernes Hilfsmittel für viele Forschungsgebiete. Wiss. Annalen *2*, 337 (1953).

[35] E. LAU, Das Optimum der Detailwiedergabe der photographischen Schichten und das Maximum des Geräuschpegels. Feingerätetechnik *1*, 298 (1952).

[36] E. LAU u. J. JOHANNESSON, Die optischen Eigenschaften photographischer Schichten. Z. f. Phys. *82*, 37 (1933).

[37] E. BRÜCHE und H. POPPA, Das Polieren von Glas, Teil I: Optische Politur. Glastechnische Berichte *28*, 232 (1955).

*[38] E. LAU, Bildanalyse. Feingerätetechnik *5*, 126 (1956).

[39] J. RIENITZ, Interferenzkontrastmikroskopie im Auflicht mit dem Interferenzmikroskop nach KRUG und LAU. Feingerätetechn. *2*, 161 (1953).

[40] H. W. KÖLLE, H. J. EICHHORN, K. H. DEGENHARDT, Die Herstellung von Isodosentafeln mittels einer photogr. Methode. Aus: Probl. u. Erg. aus Biophys. u. Strahlungsbiol. v. W. FRIEDRICH u. H. SCHREIBER VEB G. Thieme Leipzig 1956, S. 205—227.

[41] W. KRAMER: Ein optisches Registrierphotometer. Z. f. Naturforschung *6a*, 658 (1951).

[42] H. KIRCHHOFF und K. BARTZ, Weitere Meßergebnisse der Radiumdosierung in r auf photogrammetrischem Wege. Strahlentherapie *61*, 363 (1938).
[43] K. RÄNTSCH, Oberflächenprüfung durch Lichtinterferenz. Feinmechn. Präz. *52*, 75 (1943).
Die Optik in der Feinmeßtechnik. München 1949, S. 96.
[44] A. KOHAUT, Das Interferenzmikroskop, ein vielseitiges Meßgerät. Z. f. Angew. Phys. *1*, 165 (1948).
[45] E. v. ANGERER, Wissenschaftliche Photographie, Leipzig 1952, S. 151.
[46] G. EBERHARD, Phys. Z. *13*, 288 (1912); Publ. Astr. Obs. Potsdam *26* H. 1 (1926).
[47] J. KLÖTZER, Ein Beitrag zur Erklärung des SABATTIER-Effektes, Z. wiss. Phot. *50*, 386 (1955).
[48] G. W. STEVENS und R. G. W. NORRISH, Phot. J. *78*, 513 (1938).
*[49] J. SCHUSTA, Elektronische Herstellung der Äquidensiten. Arbeitstagung Optik, Jena 1954. Dtsch. Verlag der Wiss. Berlin, 1954, S. 123.
[50] Radioautographische Darstellung verschiedener Organe einer Maus nach interperitonealer Applikation von Isotop ^{198}Au. Z. Atompraxis *2*, H. 12 (1956). Titelbild nach einer Aufnahme der Abt. f. Strahlungsbiologie und Isotopenforschung a. d. Univ. Marburg (Lahn).
[51] J. G. TRUMP, C. R. MOSTER und R. W. CLOUD, Efficient best tumour irradiation with roentgen rays of several million volt. Am. Journ. Roent., *57* 703 (1947).
[52] W. KLEBER, Äquidensitometrie von DEBYE-SCHERRER-Diagrammen. Z. f. Kristallographie *108*, 316 (1956).
[53] F. LÜHR und A. NÜRNBERG, Rezepte, Filmfabrik AGFA Wolfen 1951.
[54] J. W. FEHR, Solarization (Pseudosolarization). Camera (Luzern) *22*, 221 (1944.)
T. D. SHARPLES, Quasi-solarization, a chemical reaction of photographic prints, with applications to pictural photography. Journ. Phot. Soc. *11* 427 (1945).
J. GERACI, How to solarize prints. Amer. Photography. Sept. 1952, p. 20.
[55] A. LOHMANN, Kompensation der optischen und elektrischen Abbildungsfehler beim Fernsehen. Phys. Verh. *7*, 140 (1956).
[56] H. LICHTE und A. NARATH, Physik und Technik des Tonfilms. Hirzel, Leipzig 1945, S. 116.

MIX
Papier | Fördert gute Waldnutzung
FSC® C083411

Zeitfracht Medien GmbH
Ferdinand-Jühlke-Straße 7
99095 Erfurt, Deutschland
produktsicherheit@kolibri360.de